基礎から学ぶ

TinyGoの組込み開発

高砂正哲 著

JN075924

CR C&R研究所

▽ 権利について

- 本書に記述されている社名・製品名などは、一般に各社の商標または登録商標です。
- 本書では ™、©、® は割愛しています。

▽ 本書の内容について

- 本書は著者・編集者が実際に操作した結果を慎重に検討し、著述・編集しています。ただし、本書の記述内容に関わる運用結果にまつわるあらゆる損害・障害につきましては、責任を負いませんのであらかじめご了承ください。
- 本書は2022年10月時点の情報で記述しています。2022年10月4日にリリースされた TinyGo 0.26.0 の情報になるべく追従するようにしていますが、TinyGo 0.25.0 で調査したソースコードの情報を掲載している箇所もありますので、あらかじめご了承ください。

▽ サンプルについて

- 本書で紹介しているサンプルは、著者が公開している本書のサポートページ (https://github.com/sago35/tinygobook) に取得先の GitHub リポジトリを掲載しています。
- サンプルデータの動作などについては、著者・編集者が慎重に確認しております。ただし、サンプルデータの運用結果にまつわるあらゆる損害・障害につきましては、責任を負いませんのであらかじめご了承ください。

本書の内容についてのお問い合わせについて

この度は C&R研究所の書籍をお買い上げいただきましてありがとうございます。本書の内容に関するお問い合わせは、「書名」「該当するページ番号」「返信先」を必ず明記の上、C&R研究所のホームページ (https://www.c-r.com/) の右上の「お問い合わせ」をクリックし、専用フォームからお送りいただくか、FAX または郵送で次の宛先までお送りください。お電話でのお問い合わせや本書の内容とは直接的に関係のない事柄に関するご質問にはお答えできませんので、あらかじめご了承ください。

FAX 025-258-2801
〒950-3122 新潟県新潟市北区西名目所4083-6　株式会社 C&R研究所　編集部
「基礎から学ぶ TinyGo の組込み開発」サポート係

はじめに

　私の TinyGo との出会いは、2019 年 4 月の umeda.go という Go 言語イベントでのトークでした。マイクロコントローラー（マイコン）を使った組込み遊びが Go 言語（Go）でできる、ということで自分の中でとても盛り上がったことを覚えています。とはいえ、その時点では Windows へのサポートは限定的であり、Windows がメインの私は満足に試せる状況ではありませんでした。2019 年末に Windows サポートが強化されたことで再び興味を惹かれ、2020 年 2 月くらいから本格的に使うようになりました。その後は TinyGo 本体に対して Windows 環境や非英語圏環境への対応強化などのコントリビュートを重ね、2020 年 8 月からは TinyGo プロジェクトのコアメンバーになりました。

　Go で組込み遊びができると何がよいのでしょうか？　例えば、C 言語の経験がいらないこと、goroutine と channel を用いた並行処理がマイコンでそのまま動くこと、LSP サポートによりコードが読みやすいこと、などが挙げられます。TinyGo とセンサーやアクチュエーターを使うと、暗くなったらライトをつける、水分が少なくなったら水を与える、などの現実世界と直接的な接点をもつプログラムを簡単に作ることができます。

　本書は、Go は経験しているが組込み開発の経験はない人、あるいは、組込み開発は経験しているが Go の経験はない人、などに特におすすめです。マイコン「Wio Terminal」を題材としていますが、TinyGo での各機能の使い方を丁寧に説明しているので、「Wio Terminal」以外のマイコンにも応用可能となる全体的な TinyGo の知識が得られます。

　本書を読んで、是非色々なものを作ってみてください。本書によって少しでも組込み遊びが身近になることを願っています。

2022 年 10 月

高砂 正哲

Chapter 4 TinyGo Internals

Chapter 5 各ペリフェラルの使い方

Chapter 6 ディスプレイに表示する

Chapter 7 ネットワークに接続する

Chapter 8 アプリケーション作成

付録 デバッグ

TinyGoとは

TinyGo は組込みシステムや WebAssembly のために開発された Go 言語のコンパイラーです。Go 言語で書いたソースコードを変更することなくコンパイルすることが可能で、より小さなシステムにターゲットを絞って開発されています。

01
Section
TinyGoはGoの 新しいコンパイラー

　本章では最初にGo言語（Go）について説明し、そのあとにTinyGoがどういったものであるかを説明します。

▼ Goとは

　Goは2012年にversion 1がリリースされたオープンソースのプログラミング言語で、プログラマーの生産性を高めるために作られました。簡単に学習でき、すばやく開発に着手できることをターゲットとしてデザインされています。また、言語に組み込まれた並行処理機能、ロバストで豊富なStandard libraryを持つことが特徴です。

　ここではTinyGoとの関連がある部分を中心にGoの特徴を紹介します。

▽ シンプルな言語仕様

　Goの言語仕様はとても小さく、ドキュメント自体もA4用紙サイズの換算で40ページ弱程度の小ささです。予約語も25個しかありません。言語仕様がシンプルであることは、習得のしやすさにつながります。

Goの予約語一覧

break	default	func	interface	select
case	defer	go	map	struct
chan	else	goto	package	switch
const	fallthrough	if	range	type
continue	for	import	return	var

🔎 The Go Programming Language Specification
https://go.dev/ref/spec

▽ **外部依存のないバイナリ**

　Goでビルドされたバイナリは多くの場合、外部への依存がほとんどないファイルとなります。外部への依存がないかわりに、文字列処理やネットワークアクセスなども含めたすべての実装をバイナリに内包するため、「hello world」相当のプログラムであっても、バイナリのサイズは1MB前後になります。しかし、外部への依存がほとんどないことにより、多くの場合バイナリを配置するだけで動く、という利点があります。

　サイズについて少し見ていきましょう。次のようなC言語で「hello world」を表示するだけのプログラムをWindows11のgccでビルドした場合、バイナリのサイズは約47KBでした。

main.c(C言語のプログラムの例)

```
#include <stdio.h>
int main() {
    printf("hello world\n");
    return 0;
}
```

```
$ gcc -o helloworld_c.exe main.c && strip helloworld_c.exe

$ ls -l helloworld_c.exe
-rwxr-xr-x 1 sago35 197609 47630 Jan  2 15:04 helloworld_c.exe
```

　一方でGoの場合、約860KBでした。

main.go(Goのプログラムの場合)

```
package main

func main() {
    println("hello world")
}
```

```
$ go build -o helloworld_go.exe && strip helloworld_go.exe

$ ls -l helloworld_go.exe
-rwxr-xr-x 1 sago35 197609 864256 Jan  2 15:04 helloworld_go.exe
```

　TinyGoでも上記の**main.go**をビルドすることができます。ビルド後のサイズは約7KBとなりました。ビルド後サイズの小ささはTinyGoの特徴です。

```
$ tinygo build -o helloworld_tinygo.exe && strip helloworld_tinygo.exe

$ ls -l helloworld_tinygo.exe
-rwxr-xr-x 1 sago35 197609 7168 Jan  2 15:04 helloworld_tinygo.exe
```

　ここまでのビルドでは、**strip**というコマンドにより不要なシンボル情報などを削除しています。**strip**前のサイズも含めてまとめると以下の通りです。

サイズの比較

環境	サイズ（stripなし）	サイズ（stripあり）
GCC 11.2.0	90,482 byte	47,630 byte
Go 1.19.2	1,217,024 byte	864,256 byte
TinyGo 0.26.0	36,864 byte	7,168 byte

　このバイナリサイズの小ささにより、今までGoでサポートすることができなかった**小さなシステム**のサポートが可能となります。

▽ **非同期プログラミング**

　Goは、言語自体にgoroutineとchannelという並行処理を扱うための機能を持ちます。例えば次のプログラムを実行すると、**hello700ms()** と**hello1500ms()** が並行に動くことを確認できます。

```
package main

import (
    "fmt"
    "time"
)

func main() {
    go hello700ms()
    hello1500ms()
}

func hello700ms() {
    for i := 0; ; i++ {
        fmt.Printf("hello700ms : %d\n", i)
        time.Sleep(700 * time.Millisecond)
    }
}
```

1

TinyGoとは

```go
func hello1500ms() {
    for i := 0; ; i++ {
        fmt.Printf("hello1500ms: %d\n", i)
        time.Sleep(1500 * time.Millisecond)
    }
}
```

```
$ go run .
hello1500ms: 0
hello700ms : 0
hello700ms : 1
hello700ms : 2
hello1500ms: 1
hello700ms : 3
hello700ms : 4
hello1500ms: 2
...
```

　そしてこのプログラムはTinyGoでも、そしてマイクロコントローラー（マイコン）上でも正しく動作します。マイコンをターゲットとした組込み開発において、このような実装は割込みやRTOSなどを使う場合が多かったのですが、TinyGoは言語自体の機能で簡単に並行処理を実現できます。

▽ コードフォーマッター

　Goには標準でgo fmtというコードフォーマッターが付属します。例えば、次のようなコードでもgo fmtを適用することで見た目を修正できます。

```go
package main

func main(){    println("hello world")
}
```

　上記のソースコードはgo fmtを適用すると次のように整形されます。

```go
package main

func main() {
    println("hello world")
}
```

他のプログラミング言語では、コーディング規約が設定されている場合がありますが、Goの場合はgo fmtで大半の部分が解決します。「インデントはスペースの代わりにタブを使う」「コメントの開始位置を揃える」などのルールは、ツールが自動的に満たしてくれるわけです。他のプログラミング言語にもコードフォーマッターは存在しますが、標準付属のツールではないこと、細かい設定が可能であることからなかなか使うのが難しいです。その点、Goは標準付属である、オプションがないため誰が実施しても同じ結果になる、という部分でかなり使いやすいです。

▽ 多くのpackageはGoで書かれている

再利用可能な形で1つのフォルダにまとめたソースコード群をpackageといいます。Goは標準／非標準問わず、多くのpackageがGoで書かれています。ソースコード内で何らかのpackageを使っている場合、そのソースコードは既にバンドルされた状態であるため、定義をどこまでも追いかけていくことができます。

例えばC言語の場合、printfの内部実装を見るためには、ソースコードを別でダウンロードしてくる必要があります。一方でGoの場合は単純に定義元をたどるだけで確認できます。これはソースコードを理解するときにも、内部実装を勉強するときにも、とても役立ちます。

▼ TinyGoとは

TinyGoは2019年2月1日にversion 0.1がリリースされたGoのコンパイラーです。オフィシャルページ（https://tinygo.org/）には`TinyGo - A Go Compiler For Small Places`と書かれています。言葉通りですがTinyGoは小さなシステムを想定して作られています。

小さなシステムとは何でしょうか？ TinyGoの開発当初はマイコンの環境を指していました。1GBを軽く超えるサイズのROM／RAMを持つパソコンに比べて、マイコンは2022年においても1MB未満のROM、数百KBのRAMといった環境が主流です。このような環境でも動かせるようにTinyGoプロジェクトが始まりました。公式READMEによると、Pythonがマイコン上で動くのであればGoももっと低レベルなマイコン上で動くはず、という思いがあったようです。

```
The original reasoning was: if Python can run on microcontrollers, then certainly Go
should be able to run on even lower level micros.
https://github.com/tinygo-org/tinygo#why-this-project-exists
```

▽ packageの扱い

TinyGo は machine package など、いくつかの標準 package を独自に追加しています。一方でTinyGoで追加しなかったpackage、例えばfmt packageなどは各自の環境にインストールされている Go に付属のものを使うようになっています。

`fmt.Println()`という関数の場合、Goに付属のfmt packageを使っています。最終的にはos.Stdoutに出力するわけですが、os.Stdoutの実装はTinyGo付属のos packageを使っています。TinyGoのos.Stdoutはマイコンターゲットで使用している場合は、USB CDC（P.139）やUART（P.145）などのマイコンからのシリアル通信への出力になります。パソコン上で動作させている場合は、端末などに向けての出力になります。

Goのルートフォルダ/src/fmt/print.go

```go
// Printf formats according to a format specifier and writes to standard output.
// It returns the number of bytes written and any write error encountered.
func Printf(format string, a ...interface{}) (n int, err error) {
    return Fprintf(os.Stdout, format, a...)
}
```

TinyGoのルートフォルダ/src/os/file_other.go

```go
// Stdin, Stdout, and Stderr are open Files pointing to the standard input,
// standard output, and standard error file descriptors.
var (
    Stdin  = &File{stdioFileHandle(0), "/dev/stdin"}
    Stdout = &File{stdioFileHandle(1), "/dev/stdout"}
    Stderr = &File{stdioFileHandle(2), "/dev/stderr"}
)
```

TinyGo 0.25時点における TinyGo package と Go package の関係は以下の通りです。

Go packageをTinyGo packageに差し替えて使用する

```
crypto/rand
device
examples
internal/bytealg
internal/fuzz
internal/itoa
internal/reflectlite
internal/task
machine
reflect
runtime
```

```
crypto
internal
net
os
sync
syscall
testing
```

▽ TinyGoが対応しているターゲット

TinyGoが対応しているターゲットは以下の通りです。次章であらためて説明しますが、本書で使用するWio Terminalは ATSAMD51マイコンを搭載しています。ATSAMD51マイコンは TinyGoのサポートが最も進んでいる環境のため、安心して使用できます。

ターゲットの対応状況

ターゲット名称	対応状況	お勧め度	備考
ATSAMD51	◎	◎	最もサポートが進んでいる
ATSAMD21	○	△	ATSAMD51のほうが高性能のため使いやすい
nRF52840	○	○	TinyGoからBLEも使用可能
RP2040	◎	◎	Raspberry Pi Picoなど
ESP32	△	△	Wi-Fi未サポートなどによりTinyGoでは使いにくい
ESP32-C3	△	△	Wi-Fi未サポートなどによりTinyGoでは使いにくい

上記以外ではWindows、macOS、Linuxのパソコン環境、WASMやWASIをサポートしています。WASMおよびWASIは今後、開発が活発になっていく予定です。

2

開発環境の
セットアップ

TinyGo を開発するためのソフトウェアの
セットアップとマイコンボードとの接続を行
いましょう。そのあと、開発環境を確認する
ためサンプルコードを実際に動かすところま
で進めます。

01 ハードウェアの準備
Section

　本書では TinyGo で組込み開発を行うために以下の環境を使用します。Wio Terminal に付属の USB Type-C ケーブルは短いため、別途用意したほうがよいでしょう。

- パソコン：Windows／macOS／Linux（Ubuntu）
- Wio Terminal（ターゲットモジュール）
- ジャンパー線（オスオス）×1本

　なお、付録（P.291）にてデバッグ用の機材を紹介しています。送料などを考えるとあとで必要になりそうなものは同時購入したほうがよいかもしれません。

▼ パソコン

　Windows、macOS、Linux で開発できます。Linux は Ubuntu で確認していますが、他のディストリビューションでも動くと思われます。本書では説明しませんが、Docker や Raspberry Pi、Chromebook などでも開発が可能です。

▼ Wio Terminal

　本書で使用するターゲットモジュールです。ATSAMD51 というマイコンを搭載し、画面やボタン、Wi-Fi に対応したハードウェアです。

　TinyGo 0.26 時点では、ATSAMD51 マイコンのサポートがもっとも進んでいます。よって TinyGo で組込み開発を試す場合は、Wio Terminal がお勧めのハードウェアです。

Wio Terminal

　回路図やピン配置、ATSAMD51マイコンのデータシートなどの情報は、公式ページにまとまっています。英語版のほうが情報量が多いため、詳しく知りたい方は英語版の公式ページをご確認ください。

🔍Wio Terminalをはじめよう - Seeedウィキ（日本語版）
　https://wiki.seeedstudio.com/jp/Wio-Terminal-Getting-Started/

🔍Get Started with Wio Terminal - Seeed Wiki（英語版）
　https://wiki.seeedstudio.com/Wio-Terminal-Getting-Started/

　主な購入先は以下の通りです。

🔍秋月電子通商
　https://akizukidenshi.com/catalog/g/gM-15275/

🔍スイッチサイエンス
　https://www.switch-science.com/products/6360/

🔍マルツ
　https://www.marutsu.co.jp/pc/i/1633550/

▼ ジャンパー線（オスオス）

　信号線をつなぐために使用します。写真のようにさまざまなタイプのジャンパー線がありますが、オスオスであればどのようなタイプでもよいです。本書ではUARTを説明している節（P.147）でのみ、ジャンパー線を1本使用します。持っていなくてもほとんど問題はありませんが、すべてのサンプルコードをWio Terminalで試したい、という方はご準備ください。

ジャンパー線（オスオス）

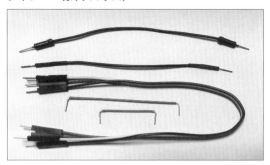

　主な購入先は以下の通りです。

📍秋月電子通商
https://akizukidenshi.com/catalog/g/gC-05371/

📍スイッチサイエンス
https://www.switch-science.com/products/57/

📍マルツ
https://www.marutsu.co.jp/pc/i/69680/

02 TinyGoのセットアップ
Section

TinyGoはLinux、macOS、WindowsなどのOSにインストールできます。本節では、OSごとのセットアップ方法を記載します。上記以外の選択肢としてDockerが公式サポートされていますが、ここでは扱いません。Dockerについては公式ドキュメントを参照してください。

TinyGoを動かすにはGoをインストールしておく必要があります。TinyGoのバージョンごとに組み合わせ可能なGoのバージョンが存在します。基本的にはその時点の最新のGo（執筆時点では1.19）と、1つ前のGo（執筆時点では1.18）を組み合わせられます。Goの新しいVersionが出た直後などは注意が必要です。また、2つ以上古いGoはサポートされていない場合が多いため、こちらも注意が必要です。

他にも、外部のGo packageおよびTinyGo packageを使うためには、Gitをインストールしておく必要があります。つまり、TinyGoを動かすためには、GitとGoとTinyGoをインストールする必要があります。

▼ Linux

linux-amd64の環境を想定して記載します。linux-amd64以外は環境に合わせてファイル名を読み替えてください。

▽ Gitのインストール

Gitがインストールされている場合、`git version`で何らかのVersionが表示されます。

```
$ git version
```

Gitがインストールされていない場合は、以下を実行してインストールしてください。

```
$ sudo apt install git
```

インストールの詳細は以下に記載されています。

🔎 Download for Linux and Unix
http://git-scm.com/download/linux

▽ Goのインストール

公式ページの手順に従いインストールしてください。例としてGo 1.19時点のコマンドを記載します。異なるVersionをインストールする場合は、適宜読み替えてください。

```
$ wget https://go.dev/dl/go1.19.linux-amd64.tar.gz
$ sudo rm -rf /usr/local/go
$ sudo tar -C /usr/local -xzf go1.19.linux-amd64.tar.gz
```

環境変数PATHに /usr/local/go/bin と $GOPATH/bin を追加します。$GOPATH/bin は go install でインストールしたアプリケーションが配置されるフォルダです。$GOPATH の定義は go env GOPATH で表示できます。$HOME/.profile などに以下を追加して端末を立ち上げ直してください。

```
export PATH=$PATH:/usr/local/go/bin
export PATH=$PATH:`go env GOPATH`/bin
```

Goをインストールできたかを確認するため以下を実行してください。

```
$ go version
```

インストールの詳細は以下に記載されています。

🔎 Download and install
https://go.dev/doc/install

▽ TinyGoのインストール

最後にTinyGoをインストールします。以下はTinyGo 0.26.0時点のコマンドを記載しています。異なるVersionをインストールする場合は、適宜読み替えてください。

```
$ wget https://github.com/tinygo-org/tinygo/releases/download/v0.26.0/tinygo_0.26.0_
amd64.deb
$ sudo dpkg -i tinygo_0.26.0_amd64.deb
```

環境変数PATHに **/usr/local/bin** と **$GOPATH/bin** を追加します。**$HOME/.profile** などに以下を追加して端末を立ち上げ直してください。

```
export PATH=$PATH:/usr/local/bin
```

TinyGoをインストールできたかを確認するため以下を実行してください。Versionなどが表示されればインストールは完了です。

```
$ tinygo version
```

LinuxでのTinyGoのインストール詳細は以下に記載されています。

🔍 Linux install guide
https://tinygo.org/getting-started/install/linux/

▽ シリアル通信ソフトのインストール
シリアル通信を行うためのminicomをインストールします。

```
$ sudo apt install minicom
```

minicomがインストールできたかを確認するため以下を実行してください。

```
$ minicom --version
```

▽ udev rulesの設定
TinyGoに限らずマイコンを使った開発を行う場合、シリアルポート経由での通信をよく使います。Linuxでシリアルポートにアクセスする際は権限設定が必要です。ここではSeeed社のWio Terminalに対するudev rulesの設定例を記載します。次のファイルを新規に作成してください。なお、紙面の都合で折り返されていますが、1行で記載してください。

```
ATTRS{idVendor}=="2886", ATTRS{idProduct}=="[08]02d", MODE:="0666", ENV{ID_MM_DEVICE_
IGNORE}="1", ENV{ID_MM_PORT_IGNORE}="1"
```

▽ dialoutグループ設定

　シリアルポートはdialoutグループに対してのみ許可されているため、ユーザー
をdialoutグループに追加しておきます。

```
$ sudo adduser $USER dialout
```

　udev rulesとdialoutの設定が終わったあとは、パソコンを再起動してください。

▼ macOS

　macOSではHomebrew経由で必要なソフトウェアをインストールします。最初
にHomebrewをインストールするため、以下のコマンドを実行してください。

```
$ /bin/bash -c "$(curl -fsSL https://raw.githubusercontent.com/Homebrew/install/HEAD/
install.sh)"
```

　Homebrewで、Git、Go、TinyGo、minicomをインストールします。minicomは、
シリアル通信の出力を確認する際に使用します。

```
$ brew tap tinygo-org/tools
$ brew install git go tinygo minicom
```

　環境変数PATHに$GOPATH/binを追加します。$GOPATH/binはgo installでイ
ンストールしたアプリケーションが配置されるフォルダです。$GOPATHの定義は
go env GOPATHで表示できます。以下のコマンドで、.zshrcに設定を追加します。

```
$ echo 'export PATH="$PATH:`go env GOPATH`/bin"' >> ~/.zshrc
$ source ~/.zshrc
```

　macOSでのTinyGoのインストール詳細は以下に記載されています。

🔎 macOS install guide
https://tinygo.org/getting-started/install/macos/

> ▼ **Windows**

▽ **Gitのインストール**

以下のサイトの［Download］からインストーラー（Git-x.x.x.x-64-bit.exe）をダウンロードして、インストールしてください。

🔎 Git for Windows
https://gitforwindows.org/

インストールを確認するため以下を実行してください。

```
$ git version
```

▽ **Goのインストール**

以下のサイトの［Download］からMicrosoft Windows用のインストーラー（go1.x.x.windows-amd64.msi）をダウンロードして、インストールしてください。

🔎 The Go Programming Language
https://go.dev/

インストールを確認するため以下を実行してください。

```
$ go version
```

インストールの詳細は以下に記載されています。

🔎 Download and install
https://go.dev/doc/install

▽ TinyGoのインストール

以下のページ最下部の`tinygo0.26.0.windows-amd64.zip`をダウンロードして、`C:\tinygo`以下に解凍してください。また、`tinygo.exe`が`C:\tinygo\bin`に生成されるようにしてください。

🔍 tinygo-org/tinygo release
https://github.com/tinygo-org/tinygo/releases/latest

環境変数PATHに`C:\tinygo\bin`を追加します。環境変数の設定のユーザー環境変数のPathに`C:\tinygo\bin`を追加してください。

TinyGoのインストールを確認するため以下を実行してください。Versionなどが表示されればインストールは完了です。

```
$ tinygo version
```

インストールの詳細は以下に記載されています。

🔍 Windows install guide
https://tinygo.org/getting-started/install/windows/

▽ シリアル通信ソフトのインストール

ここではTera Termをインストールします。以下のページからTera Termの最新版をダウンロード、インストールしてください。執筆時点の最新は4.106でファイル名はteraterm-4.106.exeでした。より新しいVersionが公開されている場合はそちらを使用してください。

🔍 Tera Term Open Source Project
https://ttssh2.osdn.jp/

03 Section 関連ツールの インストール

▼ Visual Studio Code

ソースコードの読み書きに使うエディタとして Visual Studio Code（VS Code）を使用します。使い慣れたエディタがある場合はそちらを使用されてもかまいません。ただし、TinyGoでコード補完などを行う場合の設定は少し特殊で、注意が必要です。VS Codeの場合は、後述のTinyGo拡張機能をインストールするだけで快適に使えるようになります。

▽ インストール

環境にあったVS Codeをダウンロードしてインストールしてください。

🔎 Download Visual Studio Code - Mac, Linux, Windows
https://code.visualstudio.com/download

▽ 拡張機能をインストール

Goのソースコードに対してのシンタックスハイライトやコード補完、定義元へのジャンプなどの機能を有効にするために、まずはGoの拡張機能をインストールします。そのあとTinyGoの拡張機能をインストールすることで、TinyGoでも同様の機能を有効にします。

なお、Japanese Language Packがインストールされている前提です。インストールしていない場合は、あらかじめインストールしておきましょう。

VS Codeにインストールする拡張機能

拡張機能	itemName	備考
Go	golang.Go	実行にはGoのインストールが必要
TinyGo	tinygo.vscode-tinygo	実行にはTinyGoのインストールが必要

VS Codeのメニューから［表示］-［拡張機能］を選択し、itemNameを検索して、それぞれインストールしてください。単にGoやTinyGoといった名称で検索しても同じように表示されます。

VS Codeに拡張機能を追加する

拡張機能のGo

拡張機能のTinyGo

拡張機能のGoにより、Goのファイル（main.goなど）を開いたとき、gopls（Language Serverの一種）などのインストールを促されるので、Install Allを選びインストールしてください。

TinyGoがサポートしているエディタの詳細は以下を参照してください。IntelliJ IDEAなど、他のエディタの情報もあります。

🔎 IDE Integration | TinyGo
https://tinygo.org/docs/guides/ide-integration/

TinyGo用の拡張機能の使い方は以下の通りです。TinyGoのソースコード編集中にメニューから［表示］-［コマンドパレット］を選択し、「TinyGo target」と入力します。

VS Codeで拡張機能を使う①

コマンドパレットに「TinyGo target」と入力

少し待つとターゲットの一覧が表示されます。ここでは本書のターゲットである「wioterminal」を入力してください。

VS Codeで拡張機能を使う②

成功すると、machine.LED の定義情報などが表示されます。

VS Codeで拡張機能を使う③

Column Vim を使いたい

筆者はメインでVimを使っているため、Vimを使う方法も紹介しましょう。以下の拡張機能をインストールして、「:TinygoTarget wioterminal」と入力するとLSP（Language Server Protocol）が有効になります。

VimでLSPを有効にする

```
10  func main() {
11      led := machine.LED
12      led.Configure(machine.PinConfig{Mode: machine.PinOutput})
13  for {
14      led.Low()       |const machine.LED machine.Pin = 15    |
15      time.Sleep(tim  |                                       |
16                      |                                       |
17      led.High()      |[machine.LED_on                        |
18      time.Sleep(tim  |pkg.go.dev](https://pkg.go.dev/machine?utm_|

COMMAND  src/examples/blinky1/blinky1.go                          unix | utf-8 | go  55%  11:19
:TinygoTarget wioterminal
```

🔍 **sago35/tinygo.vim: tinygo support to Vim**
https://github.com/sago35/tinygo.vim

VimでTinyGoを開発するために筆者は以下をインストールしています。

VimでTinyGoを開発するためのプラグイン

Vim plugin	内容
github.com/mattn/vim-lsp-settings	vim-lsp の設定補助
github.com/prabirshrestha/vim-lsp	LSPプラグイン
github.com/sago35/tinygo.vim	vim-lsp へのTinyGo用の設定補助
github.com/mattn/vim-goimports	保存時にフォーマッターを実行

▼ コマンドライン補完

　BashとZ Shellに対応したコマンドライン補完ツールを公開しています。インストール、設定を行うことでコマンドライン入力時に [Tab] キーなどで入力補完できます。またWindowsの場合は、Git for Windowsに付属のBashなどから使用できます。

🔍 **BashとZ Shellに対応したコマンドライン補完ツール**
https://github.com/sago35/tinygo-autocmpl

　インストールは以下の通りです。

```
$ go install github.com/sago35/tinygo-autocmpl@latest
```

　それぞれ以下のように設定できます。$HOME/.profileや$HOME/.zshrcなどに以下を追加して端末を立ち上げ直してください。

```
# bash
$ eval "$(tinygo-autocmpl --completion-script-bash)"

# zsh
$ eval "$(tinygo-autocmpl --completion-script-zsh)"
```

　以下のようなエラーが発生する場合は、P.20、P.22もしくはP.24のPATHの設定を確認してください。

```
$ eval "$(tinygo-autocmpl --completion-script-bash)"
bash: tinygo-autocmpl: command not found
```

04 Section ビルドして 動かしてみよう

TinyGoのインストールができたので次はビルドしてみましょう。`tinygo build`というコマンドを実行すると、Goのソースコードからマイコンなどのターゲットで動作するバイナリを生成します。

▼ tinygo build

まずは以下のコマンドを実行してみてください。`code`や`data`といったサイズ情報が表示され、`hello.uf2`が生成されていればビルドは成功です。

```
$ tinygo build -o hello.uf2 -target wioterminal -size short examples/blinky1
   code     data      bss |   flash      ram
   7368      108     6256 |    7476     6364
```

```
$ ls -l hello.uf2
-rw-r--r-- 1 sago35 sago35 15872  1月  2 15:04 hello.uf2
```

`build`コマンドはよく使うので、オプションについて説明します。なお、`tinygo build`以外も含めた詳細は4章に記載しています。

コマンドの意味

```
tinygo build  -o hello.uf2  -target wioterminal  -size short  examples/blinky1
```
①サブコマンド　②出力先　③ターゲット指定　④サイズ表示　⑤パッケージ

▽ ①サブコマンド：build

サブコマンドとしてbuildを指定するとビルドします。最終的に出力先で指定したファイルにバイナリを出力します。

▽ ②出力先：-o hello.uf2

出力先を指定します。**tinygo build**を行うときは必須のオプションです。今回は**hello.uf2**というファイルに出力しました。出力ファイルは拡張子で指定したフォーマットとなり、今回はUSB Flashing Format (UF2)形式となります。

▽ ③ターゲット指定：-target wioterminal

ターゲットを設定します。例えば**arduino**や**m5stack-core2**などを設定することで対象となるマイコンなどを決めることができます。このターゲット設定により、ボードごとに搭載されているLEDやButtonなどの定義を読み込むことができます。

▽ ④サイズ表示：-size short

サイズ表示を切り替えます。shortを指定した場合、ROMやRAMの使用量についてのサマリーが表示されます。

▽ ⑤パッケージ：examples/blinky1

ビルド対象となるpackageを指定します。**examples**以下を指定するとtinygoインストールフォルダの**src/examples**以下のものが使われます。

> **Column** **Windowsでビルドするとwarningが表示される**
>
> Windows版のTinyGo 0.26時点ではビルド時に以下のようなwarningが表示されることがありますが動作に影響はないので無視してください。
>
> ```
> ld.lld: warning: duplicate /export option: hypot
> ld.lld: warning: duplicate /export option: nextafter
> ```

▼ Wio Terminalに書き込む

▽ ブートローダーに遷移する

Wio Terminalにはブートローダーというプログラムが書き込まれており、プログラムの書き込みはブートローダー経由で行います。ブートローダー経由で書き込むためには、電源スイッチをリセット側にすばやく2回スライドさせて、ブートローダーに遷移する必要があります。リセットの位置を初期状態としてすばやくもう一度リセットさせると成功しやすいでしょう。

ブートローダーに遷移する方法(公式ページより引用)

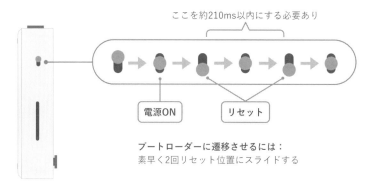

ここを約210ms以内にする必要あり

電源ON　　リセット

ブートローダーに遷移させるには:
素早く2回リセット位置にスライドする

ブートローダーに遷移するとUSB端子の右側の青色のLEDが優しく光ります。また、各OSからはArduinoという名前のストレージデバイス (外付けのドライブ) として認識します。

Arduinoという名前のドライブとして認識する

Arduinoというドライブとして認識する

もしブートローダーに遷移しているにもかかわらずストレージデバイスとして認識しない場合、USBケーブルに問題がある可能性があります。その場合はWio Terminal付属のケーブルを使うようにしてください。

▽ uf2ファイルを書き込む

あとはストレージデバイスにuf2ファイルをコピーすることでプログラムを書き替えることができます。Windowsの場合はエクスプローラーなどからコピーするか、以下のコマンドを実行することで書き込みできます。ドライブレター（下記の場合はE:）は適宜読み替えてください。

```
$ copy hello.uf2 E:\
```

uf2をコピーするとWio Terminalは自動で再起動しプログラムが書き替わります。examples/blinky1は500msごとにLEDの点滅が切り替わるプログラムです。少しわかりにくいですが、青LEDが点滅していれば書き込み成功です。

青色LEDが点滅する

電源LED　青LED　　　　　　　　　　点灯

▽ tinygo flashで書き込む

これまではtinygo buildでuf2ファイルを作成してから手動で書き込みしていました。TinyGoではtinygo flashというコマンドがあり、ブートローダーに遷移させて書き込むまでを自動で実施します。

```
$ tinygo flash --target wioterminal --size short examples/blinky1
   code    data    bss |  flash    ram
   7368     108   6256 |   7476   6364
```

05 Hello Wio Terminal
Section

　先ほどは `examples/blinky1` を書き込みましたが、ここでは自分で作成したプログラムを書き込みます。よくプログラムの入門としては `Hello World` を表示するプログラムが使われますが、組込み開発ではLチカが使われます。LEDをチカチカさせるプログラムということでLチカです。ここではLチカとHello Worldの両方を実装します。

▼ Lチカを書き込む

　実際にプログラムを書いて実行してみましょう。Goと同じく、最初に `go mod init` を実行する必要があります。好きな場所で端末を開いて、以下を実行してプロジェクトを開始します。

```
$ mkdir ledproject && cd ledproject
$ go mod init blinky
```

　以下のソースコードを `main.go` というファイルに保存してください。

main.go

```
package main

import (
    "machine"
    "time"
)

func main() {
    led := machine.LED
    led.Configure(machine.PinConfig{Mode: machine.PinOutput})

    for {
        println("Hello World", "\r")
        led.Toggle()
        time.Sleep(100 * time.Millisecond)
```

```
        }
}
```

 tinygo flashで書き込みます。上記ソースコードの詳細は後述しますので、ひ
とまず青色LEDが100msごとに点滅していれば期待通りです。

```
$ tinygo flash --target wioterminal
```

 期待通りに動いていたら、もう少しコードを変更してみましょう。time.Sleep()
の時間を1000msに変更してみてください。もしくはled := machine.LEDをled
:= machine.LCD_BACKLIGHTに変更してみてください。LCD_BACKLIGHTは名前の通り、
液晶のバックライトを指します。
 うまく動きましたか？　それではコードの説明をします。

```
package main

import (
    "machine"
    "time"
)
```

 まず最初の行は通常のGoと同じくpackageの指定とimportになります。
machine package はTinyGoの標準packageです。tinygo flashのオプションで
-target wioterminalを指定しているため、Wio Terminalのための設定でimportさ
れます。

```
led := machine.LED
led.Configure(machine.PinConfig{Mode: machine.PinOutput})
```

 machine.LEDは、Wio TerminalのLEDを指すラベル（識別子）です。TinyGoを
インストールしたフォルダに定義があり、LEDに関する定義は以下の通りです。
machine.LEDはマイコンのPA15というピンであることがわかります。

TinyGoのルートフォルダ/src/machine/board_wioterminal.go
```
const (
  PIN_LED_13 = PA15
  PIN_LED    = PIN_LED_13
```

```
LED       = PIN_LED
)
```

　led.Configure()は、ledの設定を行っています。コードに書かれている通りですが、出力（machine.PinOutput）に設定しています。出力以外に入力（machine.PinInput）にすることもできますが、詳細は5章で説明します。

```
for {
    println("Hello World", "\r")
    led.Toggle()
    time.Sleep(100 * time.Millisecond)
}
```

　最後はforループです。TinyGoはmain()（main関数）を抜けないほうがよいので、原則無限ループなどでmain()内にとどまるようにします。println()でHello Worldという文字列をシリアル出力します。led.Toggle()は実行されるたびにledのLowとHighを反転します。上記コードであれば、シリアル出力、LED反転、100ms待つ、シリアル出力、LED反転、という動作を繰り返します。

▼ シリアル出力の確認方法

▽ LinuxおよびmacOS
　minicomを使用してシリアル出力の結果を確認できます。tinygo flashで書き込みをしたあと、以下のコマンドでminicomを起動してください。-Dでデバイス名を指定します。デバイス名はLinuxは/dev/ttyACM0など、macOSは/dev/tty.usbmodem2201などの名前で指定します。環境にあわせて指定してください。

```
$ minicom -D /dev/ttyACM0
```

実行結果（シリアル通信の出力結果）
```
Hello World
Hello World
...
```

終了するときは、$\boxed{\text{Ctrl}}$+$\boxed{\text{A}}$キーを押してから、$\boxed{\text{Q}}$キーを押すことで終了させるためのメニューが表示されます。$\boxed{\leftarrow}$$\boxed{\rightarrow}$キーで選択して、$\boxed{\text{Enter}}$キーで決定します。また、$\boxed{\text{Ctrl}}$+$\boxed{\text{A}}$キーを押してから、$\boxed{\text{O}}$キーを押すことで設定を変更することができます。なお、macOSの場合は、$\boxed{\text{Ctrl}}$キーを$\boxed{\text{⌘}}$キー、$\boxed{\text{Enter}}$キーを$\boxed{\text{return}}$キーに読み替えてください。

▽ Windows

Tera Termを立ち上げて、［ファイル］-［新しい接続］-［シリアル］からCOM3などのポートを開いてください。環境によってポートの番号は異なります。以下は筆者の環境（COM105）での出力結果です。

実行結果（シリアル通信の出力結果）

設定はメニューの設定から変更することができます。

▼ まとめ

本章では実際にコードを書いて動かしてみました。以降の章ではGoおよびTinyGoを掘り下げていきます。

> **Column** **TinyGo 0.26で追加されたmonitor機能**
>
> 本書の執筆完了間際のタイミングにリリースされたTinyGo 0.26でmonitor機能が追加されました。minicomやTera Termを使う代わりに以下のmonitorサブコマンドを使用できます。
>
> ```
> $ tinygo monitor --target wioterminal
> ```
>
> また、monitorオプションによりtinygo flash直後にmonitorを開始することもできます。
>
> ```
> $ tinygo flash --target wioterminal --monitor
> ```
>
> monitor機能は$\boxed{\text{Ctrl}}$+$\boxed{\text{C}}$キーで終了することができます。macOSの場合は、$\boxed{\text{Ctrl}}$キーを$\boxed{\text{⌘}}$キーに読み替えてください。

Chapter

3

Goの基本

本章では TinyGo のベースとなっている Go
の基本を説明します。本書は Go の書籍では
なく TinyGo の書籍であるため、Go の詳細
な説明というよりは TinyGo で必要になる
部分を中心として説明していきます。また、
Go と TinyGo で異なる箇所や注意が必要な
点についても説明します。

01 Hello World
Section

Goを学ぶ最初の一歩としてHello Worldと表示するプログラムを作成し、実際に動かしてみましょう。

▼ go modでプロジェクトを開始する

Goでプログラムを書くためには、go mod initコマンドを実行し、moduleの管理を開始することが必要です。空のフォルダを作成して、以下のコマンドを実行してみましょう。

```
$ mkdir hello && cd hello

$ go mod init example/hello
go: creating new go.mod: module example/hello
```

ここではgo mod initの引数にexample/helloというモジュールパスを指定しました。example/helloという部分は、helloやa、github.com/sago35/helloなどと自由に設定してかまいません。

例えば、GitHubで公開する予定のあるソースコードの場合、多くはgo mod init github.com/xxx/yyyのような形でモジュールパスを指定します。example/helloを指定した場合は以下のようなファイルが作成されます。

hello/go.mod

```
module example/hello

go 1.19
```

go.modは基本的には手動による修正はしません。後述する外部packageを使用する場合など、go getコマンドを実行したときに更新されていきます。

例えば、TinyGo 0.25.0のgo.modは次のようになっています。requireディレク

ティブには依存するpackageとそのVersionが記録されます。また、パソコン上で
シリアル通信を行うためのpackageであるgo.bug.st/serialの場合、v1.1.3が使用
されていることがわかります。これは必ずしも最新Versionではないことに注意が
必要です。開発時に使っていたVersionを残し、再現性のあるビルドができるよう
にするためにgo.modは使われています。

TinyGo 0.25.0のgo.mod

```
module github.com/tinygo-org/tinygo

go 1.16

require (
    github.com/aykevl/go-wasm v0.0.2-0.20220616010729-4a0a888aebdc
    github.com/blakesmith/ar v0.0.0-20150311145944-8bd4349a67f2
    github.com/chromedp/cdproto v0.0.0-20220113222801-0725d94bb6ee
    github.com/chromedp/chromedp v0.7.6
    github.com/gofrs/flock v0.8.1
    github.com/google/shlex v0.0.0-20181106134648-c34317bd91bf
    github.com/marcinbor85/gohex v0.0.0-20200531091804-343a4b548892
    github.com/mattn/go-colorable v0.1.8
    go.bug.st/serial v1.1.3
    golang.org/x/sys v0.0.0-20220114195835-da31bd327af9
    golang.org/x/tools v0.1.11
    gopkg.in/yaml.v2 v2.4.0
    tinygo.org/x/go-llvm v0.0.0-20220626113704-45f1e2dbf887
)
```

▼ ソースコードを作成する

go.modを作成したあとは、Hello Worldのためのソースコードを作成します。こ
こではP.38のコマンドで作成したhelloフォルダに、main.goというファイル名で
作成します。

hello/main.go

```
package main

import "fmt"

func main() {
    fmt.Printf("Hello, World!\n")
}
```

ソースコードを作成したところで、実際に実行してみましょう。main.goが存在するフォルダでgo run .を実行すると、プログラムが実行されます。最後のドット（.）を忘れないようにしてください。

```
$ go run .
Hello, World!
```

もし以下のように表示される場合は、現在位置のフォルダが正しい場所かどうかを確認してください。

```
$ go run .
go run: no packages loaded from .
```

go buildを実行することで、ビルドを実行し実行体を生成できます。実行体はgo mod init時に指定したモジュールパス（ここではexample/hello）の最後の要素であるhelloというファイル名になります。Windowsの場合は、hello.exeのように末尾に拡張子のあるファイル名で生成されます。

```
$ go build
```

実際にビルドした実行体を実行してみます。Windows環境では実行体はhello.exeになりますが、./helloでも./hello.exeでもどちらでも動作します。Windowsでコマンドプロンプト（cmd.exe）を使っている場合は、.\helloという形でスラッシュ（/）ではなくバックスラッシュ（\）を使用する必要があります。

```
$ ./hello
Hello, World!
```

モジュールパスとは異なる名前で生成したいときは、-oオプションを使って指定します。次の例では、helloworld.exeという名前で生成します。-oオプションを使った場合は、OSによらず指定したファイル名で生成されます。

```
$ go build -o helloworld.exe
```

もし、Goで作ったプログラムを配布したい場合は、go buildで作成した実行体をコピーして渡します。Goで作成した実行体の多くは実行体のみで動作できるため、単に実行体を渡すだけで配布が完了します。

▼ ソースコードの説明

あらためて、main.goについて説明していきましょう。

hello/main.go

```
package main----------------------------------------❶

import "fmt"----------------------------------------❷

func main() {---------------------------------------❸
    fmt.Printf("Hello, World!\n")-------------------❹
}
```

まず❶で、mainという名前のpackageを宣言しています。Goで実行体を作る場合はmain packageが必ず必要です。

続いて❷で、fmtという名前の外部で定義されたpackageをimportしています。importすることで、プログラム内でpackageの機能を使用できます。fmtは主に入出力のための関数などが定義されたpackageです。C言語のprintf関数やscanf関数のような関数などが定義されています。fmtはGoに標準でインストールされているpackageです。

❸では関数を定義しています。main packageには必ずmain()という関数が必要で、この関数を抜けると実行体の実行が終了します。

そして❹では、fmt packageのPrintf()という関数を使ってHello, World!と出力しています。C言語などに存在するprintf関数と同じように使えるため、例えば以下のように使用できます。以下の場合、%sにより文字列が置き替えられ「Hello, TinyGo!」と表示されます。

```
fmt.Printf("Hello, %s!\n", "TinyGo")
```

3

Goの基本

▼ 外部packageを使用する

　ここでは rsc.io/quote という外部 package を使用してみます。以下のコマンドを実行して新しいプロジェクトを作ってください。

```
$ mkdir quote && cd quote

$ go mod init main
```

　P.38 と同じように main.go を作成して、import ディレクティブに rsc.io/quote を追加します。import ディレクティブは以下のように小括弧でグループ化させて書くこともできます。なお、quote.Go() は Go に関することわざを返す関数です。

quote/main.go

```go
package main

import (
    "fmt"
    "rsc.io/quote"
)

func main() {
    fmt.Printf("%s\n", quote.Go())
}
```

　go run を実行してみるとエラーが出力されます。

```
$ go run .
main.go:6:2: no required module provides package rsc.io/quote; to add it:
        go get rsc.io/quote
```

　import した rsc.io/quote が go.mod に記載されていないためエラーとなっています。メッセージに従い go get を実行します。

```
$ go get rsc.io/quote
go: downloading rsc.io/quote v1.5.2
go: downloading rsc.io/sampler v1.3.0
go: downloading golang.org/x/text v0.0.0-20170915032832-14c0d48ead0c
go: added golang.org/x/text v0.0.0-20170915032832-14c0d48ead0c
```

```
go: added rsc.io/quote v1.5.2
go: added rsc.io/sampler v1.3.0
```

rsc.io/quoteのv1.5.2が追加され、rsc.io/quoteが依存しているrsc.io/sampler およびgolang.org/x/textが追加されました。この時点でgo.modは以下のようになります。

quote/go.mod

```
module main

go 1.19

require (
        golang.org/x/text v0.0.0-20170915032832-14c0d48ead0c // indirect
        rsc.io/quote v1.5.2 // indirect
        rsc.io/sampler v1.3.0 // indirect
)
```

ようやく実行できるようになりました。

```
$ go run .
Don't communicate by sharing memory, share memory by communicating.
```

なお、多くのGoの外部packageは、Webブラウザで直接開けるURLになっています。例えば、https://rsc.io/quoteにアクセスすると以下が表示されます。

Webブラウザで表示(https://rsc.io/quote)

rsc.io/quoteにどのような関数が定義されているかなどを調べたい場合は、pkg.go.devから調べられます。検索ボックスにrsc.io/quoteと入れることで、先ほどのWebブラウザで表示したものと同じドキュメントが表示されます。

https://pkg.go.dev/

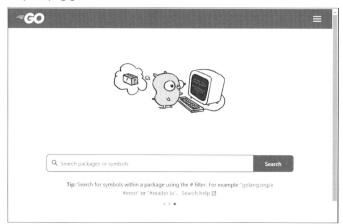

▼ 外部に名前を公開する

P.42では外部packageであるrsc.io/quoteを使用しました。rsc.io/quoteは以下の名前を公開しています。Goにおいて大文字からはじまる名前は、外部に公開されます。小文字からはじまる名前は公開されません。自身でpackageを作る場合は、公開/非公開をよく考えて設計するようにしてください。

```go
// Hello returns a greeting.
func Hello() string

// Glass returns a useful phrase for world travelers.
func Glass() string

// Go returns a Go proverb.
func Go() string

// Opt returns an optimization truth.
func Opt() string
```

02 変数、定数、列挙型
Section

多くのプログラム言語と同様に、Goでも変数や定数を定義できます。プログラムの状態の管理や、プログラム内で共通で使う値を定義するために使います。

▼ 変数

変数宣言の例は以下の通りです。varキーワードは関数の外（packageスコープ）、もしくは関数内に書くことができます。関数内では:=を使って短く書けます。また型を指定しない場合は型推論が行われます。以下の例ではすべてint型に推論されますが、var x = "hello"と書いた場合、xはstring型になります。

初期値を省略した場合は、各型のゼロ値で初期化されます。int型であれば0、float64型であれば0.0、string型であれば""（空文字列）、ポインタ型であればnilで初期化されます。

```
package main

var a = 1
var b int
var c int = 3
var d, e = 4, 5

func main() {
    var f = 6
    var g int
    var h int = 8
    var i, j = 9, 10
    k := 11
    println("a b c d e f g h i j  k")
    println(a, b, c, d, e, f, g, h, i, j, k)
}
```

上記を実行すると、初期値が指定されていないbとgが0になっていることがわかります。それ以外の変数は、指定した値で初期化されていることがわかります。

```
a b c d e f g h i j  k
1 0 3 4 5 6 0 8 9 10 11
```

　varについても import と同じくグループ化できます。以下のように書いても、先ほどの例と同じ動きになります。

```
var (
    a       = 1
    b    int
    c    int = 3
    d, e     = 4, 5
)
```

　また変数として定義した値はプログラムの途中で変更が可能です。最初のprintln(x)では2、2回目のprintln(x)では6が表示されます。

```
package main

func main() {
    x := 2
    println(x)
    x = x * 3
    println(x)
}
```

```
2
6
```

▼ 定数

　定数は初期化後に変更することができない値です。変数と同じく関数の外（packageスコープ）、もしくは関数内に書きます。また小括弧によるグループ化も可能です。

```
package main

import "fmt"
```

```
const Year = 2022

func main() {
    const (
        String = "Hello"
        Binary = "\x57\x6F\x72\x6C\x64" // World
    )

    fmt.Printf("%d %s %s\n", Year, String, Binary)
}
```

実行結果

```
2022 Hello World
```

　上記ソースコードのBinaryの書き方は、TinyGoのプログラム内に画像やフォントデータなどのバイナリデータを保存したい場合に使用します。例えば、以下のConstBinaryとVarSliceは同じ値を保持していますが、TinyGoにおいてVarSliceはROMとRAMの両方を消費することが多いです。ConstBinaryはROMのみを消費し、RAMを消費しない、という違いがあります。本書のメインターゲットであるマイコン環境においては、大きな違いとなるため注意が必要です。

```
const ConstBinary = "\x00\x01\x02\x03"
var VarSlice = []byte{0x00, 0x01, 0x02, 0x03}
```

▼ 列挙型

　Goには列挙型がありません。しかし、constとiotaを使って同じようなことができます。iotaはconstグループ内において0、1、2、という形で増加する値として扱われます。また、constグループ内で初期化しなかった変数は、すぐ上の変数と同じ式により初期化されます。この場合iotaを使っているため、c1は1+10で初期化されます。

```
package main

import "fmt"

const (
    c0 = iota + 10 // iota(0) + 10 = 10
    c1 // iota(1) + 10 = 11
    c2 // iota(2) + 10 = 12
```

```
)
func main() {
    fmt.Printf("%d %d %d\n", c0, c1, c2)
}
```

```
10 11 12
```

特定のビットだけを立てたconst値は、iotaを使って以下のように生成できます。

```
package main

import "fmt"

const (
    b0 = 1 << iota // 1 << 0 = 0b0001
    b1             // 1 << 1 = 0b0010
    b2             // 1 << 2 = 0b0100
    b3             // 1 << 3 = 0b1000
)

func main() {
    fmt.Printf("%04b %04b %04b %04b\n", b0, b1, b2, b3)
}
```

```
0001 0010 0100 1000
```

03 型
Section

Goには、以下の型があらかじめ定義されています。また、既存の型を組み合わせて新しい型を作れます。

```
Types:
    any bool byte comparable
    complex64 complex128 error float32 float64
    int int8 int16 int32 int64 rune string
    uint uint8 uint16 uint32 uint64 uintptr
```

上記のうちanyとcomparableはGo1.18で追加された型で、本書では説明しません。errorは後述のインターフェースの節（P.82）で説明します。

▼ ゼロ値

それぞれの型に対して初期化を省略した場合は、ゼロ値に初期化されます。ゼロ値はブーリアン型に対してはfalse、数値型に対しては0、文字列型に対しては空文字列、インターフェース型と参照型に対してはnilとなります。

▼ ブーリアン型

ブーリアン型は、真（true）と偽（false）のいずれかを保持する型です。if文やfor文の条件などで使用されることが多いです。!を用いてtrueとfalseを反転させることもできます。

```
package main

import "fmt"

func main() {
    var x bool
    fmt.Printf("x: %v\n", x)
```

```
    var y bool = !x
    fmt.Printf("y: %v\n", y)

    var z bool = 3 > 1
    fmt.Printf("3 > 1 : %v\n", z)
}
```

```
x: false
y: true
3 > 1 : true
```

▼ 整数型

　整数型には符号付き整数および符号なし整数が、それぞれ8ビット、16ビット、32ビット、64ビットのサイズで定義されています。

uint8	符号なし8ビット整数 (0〜255)
uint16	符号なし16ビット整数 (0〜65535)
uint32	符号なし32ビット整数 (0〜4294967295)
uint64	符号なし64ビット整数 (0〜18446744073709551615)
int8	符号付き8ビット整数 (-128〜127)
int16	符号付き16ビット整数 (-32768〜32767)
int32	符号付き32ビット整数 (-2147483648〜2147483647)
int64	符号付き64ビット整数 (-9223372036854775808〜9223372036854775807)
byte	uint8の別名
rune	int32の別名

　例えば、int8の場合は-128〜127までの値を保持できます。C言語などの他の言語と同じく、int8型の変数xが127を保持しているときに1を足すと、-128となります。

```
package main

import "fmt"

func main() {
    var x int8
    x = 127
    fmt.Printf("int8 x : %d\n", x)
```

```
    x = x + 1
    fmt.Printf("int8 x+1 : %d\n", x)

    x = x + 1
    fmt.Printf("int8 x+2 : %d\n", x)
}
```

実行結果

```
int8 x : 127
int8 x+1 : -128
int8 x+2 : -127
```

また、サイズ指定を省略した以下の型も存在します。

uint	符号なし整数（サイズは実装依存）
int	符号付き整数（サイズは実装依存）

　これらの型は実装依存でサイズが決まります。本書執筆時点のパソコンでは64ビットの型として動作することが多いです。TinyGoがサポートするターゲットは32ビット環境が多く、その場合uintおよびintは32ビットの型となります。単なる数値として扱うときにintやuintは便利ですが、TinyGoにおいてはケースバイケースです。メモリなどのリソースが気になる場合は、より小さいサイズを使えないかを検討する必要があります。

▼ 浮動小数点型

浮動小数点型には32ビットと64ビットの型が定義されています。

float32	IEEE-754 32ビット浮動小数点数
float64	IEEE-754 64ビット浮動小数点数

▼ 複素数型

複素数型には64ビットと128ビットの型が定義されています。

complex64	float32の実部とfloat32の虚部からなる複素数
complex128	float64の実部とfloat64の虚部からなる複素数

▼ 文字列型

　文字列型は、文字の集合を表す型です。人間が読める形のテキストを保持することが多いですが、テキスト以外を保持することもできます。

```
package main

import "fmt"

func main() {
    var x string = "hello world"

    fmt.Printf("%d %#v [% X]\n", len(x), x, x)

    var y string = "\x00\x01\x02\x03"
    fmt.Printf("%d %#v [% X]\n", len(y), y, y)
}
```

実行結果

```
11 "hello world" [68 65 6C 6C 6F 20 77 6F 72 6C 64]
4 "\x00\x01\x02\x03" [00 01 02 03]
```

▼ uintptr

　uintptr は RAM アドレスなどの情報を表すための型です。TinyGo においてはアドレス指定でのレジスターへのアクセスなどに使用されます。以下の例では、アドレス 0x008061FC から uint32 データ（4byte）を読み出します。Go の場合、使うケースは限られています。unsafe.Pointer については後述します（P.88）。

```
// uintptr(0x008061FC)でアドレス0x008061FCをuintptr型に変換
// そのuintptr型をunsafe.Pointer型に変換
// unsafe.Pointer型をuint32へのアドレスに変換
// uint32へのアドレスがさす値を取得
x = *(*uint32)(unsafe.Pointer(uintptr(0x008061FC)))
```

▼ 配列

　ある単一の型の要素を固定長のグループとして扱うための型です。以下のように大括弧で囲った要素数とともに宣言します。

```
// 要素数が3のint配列
var x [3]int
```

　Goの組込み関数のlen()で要素数を調べられます。配列は要素数を途中で変更することができません。このためGoでは配列の代わりにスライスを使うケースが多いです。しかし、TinyGoにおいては動的なメモリ確保をせずに済むため、配列定義が使われることが多いです。

```
package main

func main() {
    var x [3]int // 要素数 == 3
    x[1] = 10
    x[2] = 123
    println(x[0], x[1], x[2])
    println(len(x))
}
```

実行結果

```
0 10 123
3
```

　配列の範囲外にアクセスしようとすると、以下のようなメッセージとともにビルド時にエラーとなります。例えば、以下は要素数3の配列に対して、添え字5にアクセスしようとした、というエラーです。

```
main.go:8:30: invalid argument: index 5 out of bounds [0:3]
```

▼ スライス

　ある単一の型の要素を可変長のグループとして扱うための型です。

```
// byteスライス
var slice []byte
```

　スライスは要素数とキャパシティという値を持っています。後述するappend()で要素を増やしたときに要素数がキャパシティを超える場合、再度メモリ確保が行われます。要素数は組込み関数のlen()、キャパシティは組込み関数のcap()で調べられます。

初期化されていないスライスの値はnilとなります。要素数を超えた範囲にアクセスすると実行時にエラーとなります。ただし、append()を使った場合は要素数を増やしながら要素を追加できます。

[start:end]という記法を用いて、既存の配列やスライスの一部をスライスとして取り出せます。このとき、既存の配列やスライスの要素を変更すると、切り出したスライスの要素も変更されます。

```go
package main

import "fmt"

func main() {
    var slice []byte
    slice = append(slice, 0x01, 0x02, 0x03, 0x04, 0x05)
    fmt.Printf("len = %d : cap = %2d : % X\n", len(slice), cap(slice), slice)

    // スライスに追加
    // キャパシティ8に対して、要素数が9となるためメモリ確保が行われる
    slice = append(slice, 0x06, 0x07, 0x08, 0x09)
    fmt.Printf("len = %d : cap = %2d : % X\n", len(slice), cap(slice), slice)

    // 一部をスライスとして取り出し
    slice = slice[1:3]
    fmt.Printf("len = %d : cap = %2d : % X\n", len(slice), cap(slice), slice)

    // 要素[0]の値を変更
    slice[0] = 0x0A
    fmt.Printf("len = %d : cap = %2d : % X\n", len(slice), cap(slice), slice)
}
```

実行結果

```
len = 5 : cap =  8 : 01 02 03 04 05
len = 9 : cap = 16 : 01 02 03 04 05 06 07 08 09
len = 2 : cap = 15 : 02 03
len = 2 : cap = 15 : 0A 03
```

組込み関数のmake()を使うと、要素数とキャパシティを指定したスライスを作成できます。キャパシティを適切に設定することで、メモリ確保の回数を減らすことができるため、パフォーマンスを改善できる可能性があります。

```go
package main
```

```
import "fmt"

func main() {
    slice := make([]byte, 4, 30) // 要素数4、キャパシティ30
    fmt.Printf("len = %d : cap = %2d : % X\n", len(slice), cap(slice), slice)
}
```

```
len = 4 : cap = 30 : 00 00 00 00
```

▼ マップ

ある単一の型の要素を順序付けなしにグループとして扱うための型です。キーと値の組み合わせ、という形で値を保持します。以下のように宣言します。

```
// string型をキーとして、int型の値を持つmap
var x map[string]int
```

実際の使用例は以下の通りです。

```
package main

import "fmt"

func main() {
    x := map[string]int{
        "december": 12,
    }
    x["april"] = 4
    fmt.Printf("december : %d\n", x["december"])
    fmt.Printf("april : %d\n", x["april"])
}
```

```
december : 12
april : 4
```

任意のキーがマップに存在しているかを調べるには、次のような構文を使います。okがtrueであればキーは存在していて、nに値が代入されます。キーが存在しない場合はokがfalseになり、nにゼロ値が代入されます。

```go
package main

import "fmt"

func main() {
    x := map[string]int{
        "december": 12,
    }
    if n, ok := x["december"]; ok {
        fmt.Printf("december : %d\n", n)
    }
    if _, ok := x["august"]; ok {
        // キーが存在しないためここは実行されない
    }
}
```

```
december : 12
```

　map型を使うときに発生しやすい失敗は、nil mapに代入しようとしてしまうことです。以下のソースコードは実行時にエラーになります。map型の値のゼロ値はnilであるため、宣言しただけでは代入できる状態になりません。

```go
package main

func main() {
    var x map[string]int
    // この時点でxはnilのため代入はできない
    x["december"] = 8
}
```

```
panic: assignment to entry in nil map
```

　この場合は以下のように書く必要があります。

```go
package main

func main() {
    var x map[string]int
    x = map[string]int{}
    x["december"] = 8

    // 次のように書いてもよい
```

```
    y := map[string]int{}
    y["april"] = 4
}
```

▼ 構造体

0個以上のフィールドと呼ばれる名前付きの値をグループとして扱うための型です。多くの場合、typeを使って別名を付けて使用します。

```
// int型のXとYからなるPointという名前の構造体
type Point struct {
    X, Y int
}
```

以下の例では、int型のXとYからなる構造体にPointと名前を付けて使用しています。構造体の各要素には.を付けてアクセスします。

```
package main

type Point struct {
    X, Y int
}

func main() {
    p := Point{X: 10, Y: 20}
    println(p.X)
    println(p.Y)
}
```

実行結果

```
10
20
```

typeを使わない場合は以下のように書きます。可読性が落ちる傾向にあるため、注意が必要です。

```
p := struct{ X, Y int }{X: 10, Y: 20}
```

　型が異なる場合、代入も演算も実施できません。そこで型変換を用いて同じ型に変換してから代入などを行います。C言語などとは異なり、暗黙の型変換は行われないため注意が必要です。変数vを型Tに変換する場合はT(v)という形で書きます。

```
package main

func main() {
    x := uint8(1) // xにuint8に変換した1を代入
    var y float32
    y = float32(x) // uint8のxをfloat32に変換しyに代入
    y += 2         // float32のyに定数の2を加算
    println("x:", x)
    println("y:", y)

    // これは型が異なるためエラーになる
    // println("x + y:", x+y)
    println("x + y:", x+uint8(y))
}
```

```
x: 1
y: +3.000000e+000
x + y: 4
```

　型変換は主に以下のような例があります。

▽ 数値型

　整数型や浮動小数点型を相互に変換します。TinyGoにおいても、byte型の変数4つからuint32型を作るような処理などでよく使います。

```
package main

import "fmt"

func main() {
    buf := []byte{0x12, 0x34, 0x56, 0x78}
    var x uint32
    x += uint32(buf[0]) << 24          // 0x12000000
    x += uint32(buf[1]) << 16          // 0x12340000
    x += uint32(buf[2]) << 8           // 0x12345600
```

```
    x += uint32(buf[3])                 // 0x12345678
    fmt.Printf("% x => %#08x\n", buf, x) // 12 34 56 78 => 0x12345678
}
```

実行結果

```
12 34 56 78 => 0x12345678
```

▽ 文字列型

[]byte と string、[]rune と string を相互に変換できます。また、byte と string、rune と string も変換が可能です。特に []byte と string の変換は、さまざまな場所で使われています。

```
package main

import "fmt"

func main() {
    var str string = "abc"
    fmt.Printf("%#v\n", str)

    byteSlice := []byte(str) // stringを[]byteに変換
    fmt.Printf("%#v\n", byteSlice)

    str2 := string(byteSlice) // []byteをstringに変換
    fmt.Printf("%#v\n", str2)
}
```

実行結果

```
"abc"
[]byte{0x61, 0x62, 0x63}
"abc"
```

04 Section 制御フロー

プログラム内の分岐や繰り返しを扱うための制御フローについて説明します。
Goにはforとifとswitchが存在します。

▼ for

forは多くのプログラミング言語と同様に、処理を繰り返すときに使用します。

```
for 初期化; 条件式; 後処理 {
    // forで繰り返される処理
}
```

最初に初期化が実行されます。そのあと、条件式が満たされている場合は、中括
弧内の処理が実行されます。処理が実行されたあとは後処理が実施され、再度条件
式の確認が行われます。条件式が満たされなくなるとforは終了します。以下の場
合、iが0、1、2のときにprintln()が処理されます。後処理でiが3となったあと、
条件式が満たされなくなりforは終了します。

```
package main

func main() {
    for i := 0; i < 3; i++ {
        println(i)
    }
}
```

実行結果

```
0
1
2
```

　初期化と後処理は省略が可能で、以下のようにforのあとに条件式のみを書くことができます。C言語などにおけるwhileと似たような書き方です。実行結果は上記の例と同じなので省略します。

```
package main

func main() {
    i := 0
    for i < 3 {
        println(i)
        i++
    }
}
```

　また、条件式がtrueのみの場合は、条件式を省略できます。この書き方は無限ループなどの用途で使用されます。

```
package main

func main() {
    for {
        println("hello world")
    }
}
```

　条件式とは別のタイミングで途中終了したい場合はbreakを使います。

```
package main

func main() {
    i := 0
    for {
        println(i)
        i++
        if i >= 3 {
            break // iが3以上のときはforを終了する
        }
    }
}
```

実行結果

```
0
1
2
```

処理を途中でやめて後処理に進みたい場合はcontinueを使います。

```
package main

func main() {
    for i := 0; i < 3; i++ {
        if i == 1 {
            continue // i == 1 のときはprintlnを実行しない
        }
        println(i)
    }
}
```

```
0
2
```

▼ rangeを使ったfor

配列やスライス、マップ、チャンネルに対しては、rangeを使ってループを実行できます。rangeはforの繰り返しが発生するごとに2つの値を返します。1つ目はインデックスで、2つ目はそのインデックスに対応する要素です。スライスに対しての実行例は以下の通りです。

```
package main

func main() {
    data := []byte{10, 20, 30}
    for i, d := range data {
        println(i, d)
    }
}
```

```
0 10
1 20
2 30
```

rangeが返す値は、不要であれば_を使うことで無視できます。

```
i, _ := range data
_, d := range data
```

インデックスのみが必要であれば、以下のような書き方にもできます。

```
i := range data
```

先ほどの例をインデックスのみ受け取る形で書くと、以下のようになります。実行結果は同じです。

```
package main

func main() {
    data := []byte{10, 20, 30}
    for i := range data {
        println(i, data[i])
    }
}
```

▼ if

ifも多くのプログラミング言語と同様に、条件により処理を分岐したいときに使用します。

```
if 条件式 {
    // 条件式が満たされる場合の処理
}
```

elseにより、条件式が満たされない場合の処理を書けます。

```
if 条件式 {
    // 条件式が満たされる場合の処理
} else {
    // 条件式が満たされない場合の処理
}
```

else ifにより、条件式を追加できます。else ifは複数書けます。

```
if 条件式 {
    // 条件式が満たされる場合の処理
} else if 条件式2 {
    // 条件式2が満たされる場合の処理
} else if 条件式3 {
    // 条件式3が満たされる場合の処理
} else {
    // 条件式、条件式2、条件式3のいずれも満たされない場合の処理
}
```

　ifを使ったソースコード例です。iの初期化の値を10や100などの値に変更することでifの動作を確認できます。

```
package main

func main() {
    i := 5
    if i < 10 {
        println("iは10未満です")
    } else {
        println("iは10未満ではありません")
    }
}
```

実行結果

iは10未満です

　条件式の前にはステートメントを書くことができます。ステートメント内で宣言された変数は、ifのスコープ内のみで使用できます。

```
package main

func main() {
    if i := 5; i < 10 {
        println("iは10未満です")
    } else {
        println("iは10未満ではありません")
    }
}
```

　この書き方は、errorを返す関数などに対してのエラーチェックなどでよく使用されます。以下の例は、io.ReadFullがerrorを返したかどうかを確認しています。

errという変数はifの外では必要ないため、このような書き方をしています。

```
r := strings.NewReader("some io.Reader stream to be read\n")

buf := make([]byte, 4)
if _, err := io.ReadFull(r, buf); err != nil {
    log.Fatal(err)
}
fmt.Printf("%s\n", buf)
```

▼ switch

switchはifと同じく、条件により処理を分岐したいときに使用します。caseのあとにはカンマ区切りで複数の条件を書くことができます。また、C言語などとは異なり、各case内の処理が終わった場合は次のcaseは処理されません。

```
package main

func main() {
    i := 5
    switch i {
    case 0:
        println("iは0です")
    case 1, 2, 3, 4, 5, 6, 7, 8, 9:
        println("iは1以上10未満です")
    default:
        println("iは10未満ではありません")
    }
}
```

実行結果

iは1以上10未満です

次のcaseも含めて処理したい場合は、fallthroughを使います。以下の場合、iは1なのでcase 2は処理すべきではないですが、fallthroughがあるためcase 2を処理してしまっています。

```
package main

func main() {
```

```
    i := 1
    switch i {
    case 0:
        println("iは0以上です")
        fallthrough
    case 1:
        println("iは1以上です")
        fallthrough
    case 2:
        println("iは2以上です")
        fallthrough
    default:
        println("end")
    }
}
```

```
iは1以上です
iは2以上です
end
```

　switchの条件を省略した場合は、switch true と同じ内容になります。この場合、
caseにはbool型の条件を書くことが可能で、ifとほぼ同じ書き方です。

```
package main

func main() {
    i := 5
    switch {
    case i == 0:
        println("iは0です")
    case 0 < i && i < 10:
        println("iは1以上10未満です")
    default:
        println("iは10未満ではありません")
    }
}
```

```
iは1以上10未満です
```

05 関数
Section

　ここまでのソースコードには main() がありましたが、引数や戻り値などの使い方も含めて説明します。

▼ 関数定義

　関数定義の例です。func キーワードに続けて関数名、引数、戻り値の順で書きます。

```
package main

func add(x int, y int) int { // 引数、戻り値を持つ関数定義
    return x + y
}

func dump(msg string) { // 引数のみを持つ関数定義
    println(msg)
}

func dump3() { // 引数と戻り値を持たない関数定義
    for i := 0; i < 3; i++ {
        dump("DUMP")
    }
}

func main() {
    println(add(10, 20))
    dump3()
}
```

実行結果

```
30
DUMP
DUMP
DUMP
```

Goでは関数から複数の戻り値を返すことができます。以下の関数では、msgを大文字にした文字列（string型）と、文字列長（int型）を返しています。

```
package main

import "strings"

func uclen(msg string) (string, int) {
    return strings.ToUpper(msg), len(msg)
}

func main() {
    println(uclen("hello world"))
}
```

実行結果

```
HELLO WORLD 11
```

Goでは最後の戻り値にerror型を返す関数が多くあります。このような関数に対しては、基本的に以下のようなエラーチェックが必要です。また、エラーを返す関数を自作する場合、戻り値の最後をerror型にすることが望ましいです。

```
package main

import (
    "os"
)

func main() {
    _, err := os.Open("hello.txt")
    if err != nil {
        // ここでエラー処理を行う
        os.Exit(1)
    }
    // ファイルに対する処理を行う
}
```

▼ 名前付きの戻り値

関数の戻り値に名前を付けることが可能で、名前を付けた場合は関数の最初の時点でゼロ値に初期化されます。このため、次のuclen()内でucmsgは定義済みと

なっているため:=ではなく=を使う必要があります。名前付きの戻り値を使う場合、単独のreturnステートメントであっても戻り値を返せます。このような書き方をnaked returnと呼びますが、可読性に影響がないかをよく考えて使用する必要があります。

```
package main

import "strings"

func uclen(msg string) (ucmsg string, length int) {
    ucmsg = strings.ToUpper(msg)
    length = len(msg)
    return
}

func main() {
    println(uclen("hello world")) // 文字列と、文字数を返す
}
```

実行結果

```
HELLO WORLD 11
```

▼ 特別な関数

　関数の中でもmain()とinit()は特別な動作をします。main()は、基本的にはプログラムのエントリーポイントとして最初に実行されます。しかし、実際はmain()よりも先にinit()がコールされます。init()はファイルに複数定義できます。その場合、ソースコードの上から順に処理されます。

```
package main

func main() {
    println("main()が実行されました")
}

func init() {
    println("init()が実行されました - 1")
}

func init() {
    println("init()が実行されました - 2")
}
```

```
init()が実行されました - 1
init()が実行されました - 2
main()が実行されました
```

　packageをimportしている場合は、importしたpackageを先に処理します。とはいえ、順番にはなるべく依存しないように書くほうが安全です。

▼ 関数リテラル

　関数リテラルを使うと、関数を変数に代入したり、その場で関数を実行したりすることが可能です。以下の例では、変数に関数を代入しています。

```
package main

func main() {
    double := func(x int) int {
        return x * 2
    }

    println("double(2) :", double(2))
    println("double(10) :", double(10))
}
```

```
double(2) : 4
double(10) : 20
```

　関数定義のあとに()を付けるとその場で実行できます。

```
package main

func main() {
    func() {
        println("called")
    }()
}
```

```
called
```

また、引数や戻り値を扱うこともできます。

```
package main

func main() {
    number := func(x int) int {
        return x * 2
    }(11)
    println(number)
}
```

```
22
```

▼ defer

deferで指定した関数実行は、呼び出し元の関数の終了時に実行されます。複数のdeferが存在する場合、逆順で実行されます。deferに渡した引数はすぐに評価されますが、実行は上記の通り呼び出し元関数の終了時となります。

```
package main

func main() {
    n := 1
    defer func(x int) {
        println("defer 1:", x)
    }(n)

    n = 2
    defer func(x int) {
        println("defer 2:", x)
    }(n)

    n = 3
    println("normal:", n)
}
```

実行結果は以下の通りです。最初にnormalが実行され、次にdefer 2が、最後にdefer 1が実行されています。また、その際のnの値はdeferに渡した時点で評価されていることがわかります。

```
normal: 3
defer 2: 2
defer 1: 1
```

deferがよく使われるのはファイルを開いたときなどに後始末が必要な場合です。以下の例では、main()が終了するときに必ずr.Close()がコールされます。

```go
package main

import "os"

func main() {
    r, err := os.Open("hello.txt")
    if err != nil {
        // エラー処理を書く
    }
    defer r.Close()
    // ファイルへの処理を書く
}
```

なお、deferは関数終了時に実行されるため、ループ中では使うときは注意が必要です。以下のように実装した場合、main()が終了するときにr.Close()が10回実行されます。多くの場合、期待している動きにはならないため注意しましょう。

```go
package main

import (
    "os"
)

func main() {
    for i := 0; i < 10; i++ {
        r, err := os.Open("hello.txt")
        if err != nil {
            // エラー処理を書く
        }
        defer r.Close()
        // ファイルへの処理を書く
    }
}
```

06 メソッド
Section

メソッドは特定の型専用に定義された関数です。Goでは型にメソッドを定義できます。同じメソッド名であっても型が異なる場合は、それぞれに定義できます。

▼ メソッドとは

メソッドはユーザーが定義した型に対して定義します。以下の例ではuint型をベースとしてMyUint型を作成し、String()というメソッドを定義しています。メソッドは、通常の関数定義の関数名の前に対象となるレシーバーを書くことで定義できます。`u MyUint`の部分がレシーバーです。

```go
type MyUint uint

func (u MyUint) String() string {
    return fmt.Sprintf("uint:%d", u)
}
```

定義したメソッドは、MyUint型の変数に対して.（ドット）を使って呼び出せます。上記のStringメソッドの場合、以下のようになります。

```go
u := MyUint(12)
u.String() // uint:12という文字列を返す
```

MyUint型で定義された変数自体をメソッドで変更したい場合、レシーバーをポインタで定義します。以下の例では、MyUint型のuに対しxを追加して更新するためのメソッドAddを定義しています。`u MyUint`のようにポインタにしていない場合は、値の更新は実施されません。

```go
func (u *MyUint) Add(x MyUint) {
    *u += x
}
```

これまでの説明をソースコードにまとめてみましょう。

```
package main

import "fmt"

type MyUint uint

func (u MyUint) String() string {
    return fmt.Sprintf("uint:%d", u)
}

func (u *MyUint) Add(x MyUint) {
    *u += x
}

func (u MyUint) Sub(x MyUint) {
    u -= x
}

func main() {
    u := MyUint(12)
    println(u.String())
    u.Add(5)
    println(u.String())
    u.Sub(5) // ポインタレシーバーではないため値は変更されない
    println(u.String())
}
```

```
uint:12
uint:17
uint:17
```

07
Section

goroutineとchannelと select

3

Goの基本

Goでは、goroutine、channel、selectを使うことで、並行・並列処理を書けます。かなり複雑な機能であるため詳細は割愛しますが、サンプルコードを中心にいくつかの使用例を紹介します。もちろんTinyGoでも使用することができます。

▼ goroutine

goキーワードを付けて関数を実行すると、関数を並行に実行できます。以下の例は、goroutine1とgoroutine2、main()内のfor文が並行に動きます。goroutine1からは1秒ごとに、goroutine2からは600msごとに、main()からは2秒ごとにprintしています。これらがgoというキーワードを付けるだけで並行処理されます。

```
package main

import (
    "fmt"
    "time"
)

func main() {
    time.Sleep(3 * time.Second)

    go func() { // goroutine1
        for i := 0; i < 3; i++ {
            fmt.Printf("goroutine1 : %d : %d\n", i, time.Now().UnixMilli())
            time.Sleep(1 * time.Second)
        }
    }()

    go func() { // goroutine2
        for i := 0; i < 4; i++ {
            fmt.Printf("goroutine2 : %d : %d\n", i, time.Now().UnixMilli())
            time.Sleep(600 * time.Millisecond)
        }
    }()
```

```
    for i := 0; i < 2; i++ {
        fmt.Printf("main        : %d : %d\n", i, time.Now().UnixMilli())
        time.Sleep(2 * time.Second)
    }
}
```

　このソースコードはGoでもTinyGoでも動かせます。TinyGoで実行した結果は
以下の通りです。ほぼ思い通りの結果になっていることが確認できます。OSなし
にも関わらず並行処理を簡単に使うことができることがTinyGoの特徴です。

```
main        : 0 : 3000
goroutine1 : 0 : 3000
goroutine2 : 0 : 3000
goroutine2 : 1 : 3600
goroutine1 : 1 : 4000
goroutine2 : 2 : 4200
goroutine2 : 3 : 4800
main        : 1 : 5000
goroutine1 : 2 : 5000
```

▼ channel

　複数のgoroutineを組み合わせて処理を行うとき、データのやり取りを安全に行
う必要があります。この用途で使うための特別なキューとしてchannelがありま
す。複数のgoroutineから同時に書き込んでもデータが壊れたりすることがありま
せん。また、複数のgoroutineからの読み出しも安全に行うことができます。
　channelは次のように定義できます。channelにはバッファサイズの概念があり、
make()の引数で指定が可能です。バッファサイズを超えてデータを送ろうとした
場合、そこでプログラムはブロックします。また、バッファにデータが存在しな
い場合にデータを受け取ろうとすると、プログラムはブロックします。channelは
closeにより閉じることができ、閉じられたchannelに書き込みを行うとpanic終
了します。閉じられたchannelからの読み出しはブロックせずに処理が継続します
が、ゼロ値が読み出されます。閉じられているかどうかは、以下の例のように調べ
られます。

```go
ch1 := make(chan int)       // int型のchanをバッファなしで作成
ch2 := make(chan bool, 2)   // bool型のchanをバッファサイズ1で作成
ch3 := make(chan []byte, 5) // []byte型のchanをバッファサイズ5で作成

ch2 <- true // ch2にデータを送る
x := <-ch2  // ch2からデータを取り出す

for b := range ch3 {
    // ch3からデータを取り出せたら処理を行う
    // ch3が閉じられた場合はループを抜ける
}

close(ch1)
x, ok := ch1
if ok {
    // ok == trueのとき、ch1は閉じられていない
}
```

　実際の使用例を見ていきましょう。以下のソースコードで複数のgoroutineを組み合わせた処理を行えます。

```go
package main

import "time"

func main() {
    ch1 := make(chan int)
    ch2 := make(chan int)

    go func() { // goroutine1 （値を2倍にする）
        for x := range ch1 {
            ch2 <- x * 2
        }
    }()

    go func() { // goroutine2 （表示用）
        for {
            x := <-ch2
            println(x)
        }
    }()

    for i := 0; i < 3; i++ {
        ch1 <- i
    }

    time.Sleep(1 * time.Second) // goroutineからのprintlnの実行を待つ
}
```

上記では main() の最後の for 文から ch1 に 0、1、2 の順に値を送ります。goroutine1 では ch1 から受け取った値を 2 倍にしたあと、ch2 に送ります。goroutine2 では ch2 から受け取った値を println() で表示します。

```
0
2
4
```

　channel にはバッファサイズの概念があります。バッファサイズはブロックせずに送ることができる量です。make() の引数で指定できます。
　バッファサイズを確認できる例を示します。

```
package main

func main() {
    ch := make(chan int, 2)
    ch <- 1
    println(1)
    ch <- 2
    println(2)
    ch <- 3 // ここでブロックする
    println(3)
}
```

　上記の例ではバッファサイズを 2 としたため、ch <- 2 までは動作しますが、その次の ch <- 3 を実行する直前でデッドロックとなります。

```
1
2
fatal error: all goroutines are asleep - deadlock!
```

　デッドロックしないようにするには、channel からデータを取り出す goroutine などを作る必要があります。以下のソースコードであればうまく動作します。

```
package main

func main() {
```

```
    ch := make(chan int, 2)

    go func() {
        for {
            <-ch // chにデータがある場合は取り出す
        }
    }()

    ch <- 1
    println(1)
    ch <- 2
    println(2)
    ch <- 3
    println(3)
}
```

逆にデータがバッファされていないchannelからデータを取り出そうとした場合もブロックします。以下はデッドロックとなります。

```
package main

func main() {
    ch := make(chan int, 1)
    ch <- 1
    x := <-ch // ch から読み出し
    println(x)
    x = <-ch // ここでブロックする
    println(x)
}
```

実行結果
```
1
fatal error: all goroutines are asleep - deadlock!
```

▼ select

先ほどの例ではブロックした場合は、ブロックが解除されるのを待つしかありませんでした。また、同時に1つのchannelを待ち受けることしかできないため、複雑な処理は書けませんでした。

実際には3秒間待ちつつ、その間に受け取ったデータは処理を行う、というようなシチュエーションがあります。このような場合にselectを使います。

```
package main

import "time"

func main() {
    ch := make(chan int, 10)
    timeoutCh := make(chan bool)

    go func() {
        for i := 0; i < 10; i++ {
            ch <- i
            time.Sleep(1 * time.Second)
        }
    }()

    go func() {
        time.Sleep(3 * time.Second)
        timeoutCh <- true
    }()

    for {
        select { // selectで複数の条件を同時に待ち受ける
        case x := <-ch:
            println(x)
        case <-timeoutCh: // 3秒後に実行される
            println("end")
            return
        }
    }
}
```

　上記では、3秒待ってからtimeoutChにデータを送りました。関数後半にある
select文では、chとtimeoutChの両方を待ち受けて、データがあれば処理を実行
します。このように複数のchを待ち受けする場合にselectを使います。

　Goの場合、次のようにtimeoutChはtime.Afterを用いて実装することが多いで
す。しかし本書執筆時点のTinyGo 0.25ではtime.Afterはビルドエラーとなるため
類似の実装を行いました。上記の書き方であればTinyGoでもビルドして実行でき
ます。なお、TinyGo 0.26からはtime.Afterを使用できます。

```
timeoutCh := time.After(3 * time.Second)
```

defaultを使うことによりchannnelにデータがあれば処理、なければ違う処理を行えます。以下のソースコードの場合、chにはデータがないため、即座にdefault部が処理され関数は終了します。

```
package main

func main() {
    ch := make(chan int)
    select {
    case x := <-ch:
        println(x)
    default:
        // chにデータがない場合はここが実行される
    }
}
```

| Column | **並列処理と並行処理** |

並列処理と並行処理は似ているようで違う概念です。それぞれ以下のように定義されています。Goでは並行・並列処理が可能です。TinyGo 0.26時点では、並行処理は可能ですが並列処理はできません。TinyGoもいずれはマルチコア対応を行う予定なのでお楽しみに。

並行処理（Concurrent）

同時に複数の処理を行うことを並行処理といいます。TinyGoのターゲットのマイコンは、シングルコアでCPUが1つしか搭載されていないものが多いですが、1つのCPUの中で複数の処理を切り替えながら同時に複数の処理を行えます。1つのCPUでも並行処理を実現できます。もちろん複数のCPUが存在する環境であっても並行処理を実現することが可能です。

並列処理（Parallel）

複数のCPUなどで同時に処理を行うことを並列処理といいます。1つのCPUでは並列処理を実現することはできません。並列処理も同時に複数の処理を行うこと、並列処理は並行処理の1つとなります。

08 インターフェース
Section

　インターフェース型は、メソッドの定義を0個以上列挙した型です。あるインターフェースで定義されるすべてのメソッドを持っている型は、そのインターフェースを実装している、と表現します。インターフェースを実装している型は1つだけとは限りません。

　たとえ異なる型であっても、インターフェースを満たす限り同じインターフェース型として扱えます。インターフェースを実装しているかどうかはgo build時に判定され、メソッドが足りないことにより実装できていない場合はビルドエラーとなります。

▼ インターフェースの使用例

　インターフェースの使用例です。こちらの例では、Stringerというインターフェース型を定義し、Stringer型の引数sを受け取るdump()が定義されています。これによりdump()の中ではs.String()という形のメソッド呼び出しが可能です。s.String()という形で呼び出せるようにメソッドが定義されている限りは、どのような型でも引数sとして受け取ることができます。

```
package main

import "fmt"

type Stringer interface {
    String() string
}

func dump(s Stringer) {
    println(s.String())
}

type IntWithStringer int

func (i IntWithStringer) String() string {
    return fmt.Sprintf("%d", i)
```

```
}
func main() {
    //dump(1) // go buildできない
    dump(IntWithStringer(1)) // 1と表示
}
```

▼ 代表的なインターフェース

　Goでよく使われる代表的なインターフェースのうち、特に重要なインターフェースを紹介しましょう。fmt.Stringerはその型の文字列表現を取り出したいときに使用します。io.Readerは何らかの読み出し、io.Writerは何らかの書き込みに使用します。

　例えば、データ圧縮などを扱うarchive/zipにおけるReadメソッドは圧縮ファイルからの読み出しを行います。ファイルを扱うos/fileにおけるReadメソッドは（圧縮されていない）通常ファイルからの読み出しを行います。どちらもio.Readerを実装しているため、圧縮ファイルであっても通常ファイルであっても同じように読み出して処理できます。

　このような共通の取り扱いを可能とするための仕組みがインターフェースです。

Goのルートフォルダ/src/fmt/print.go

```
// Stringer is implemented by any value that has a String method,
// which defines the ``native'' format for that value.
type Stringer interface {
    String() string
}
```

Goのルートフォルダ/src/io/io.go

```
// Reader is the interface that wraps the basic Read method.
type Reader interface {
    Read(p []byte) (n int, err error)
}

// Writer is the interface that wraps the basic Write method.
type Writer interface {
    Write(p []byte) (n int, err error)
}
```

▼ 空のインターフェース

メソッド定義が1つもないインターフェースを定義できます。空のインターフェースはあらゆる型を受け入れられる柔軟な型として動作します。

例えばfmt.Sprintfの引数のように、あらゆる型を受け付ける必要があるときに使用します。その際、もともとの型が何であるかをreflect packageなどで調べて使用する必要がありますが、ここでは省略します。

```go
package main

import "fmt"

type EmptyInterface interface {
}

func dump(s EmptyInterface) {
    fmt.Printf("%v\n", s)
}

func main() {
    dump(1)
    dump("hello")
}
```

実行結果

```
1
hello
```

なお、fmt.Sprintfは以下のように定義されていてanyとなっている部分が空のインターフェースを表します。anyという書き方はGo 1.18から可能となった書き方で、以前はinterface{}という書き方でした。どちらも意味は同じです。

Goのルートフォルダ/src/fmt/print.go

```go
// Go1.19
func Sprintf(format string, a ...any) string

// Go1.17
func Sprintf(format string, a ...interface{}) string
```

▼ error型

Goはエラーを扱うインターフェースとして error 型があります。以下の定義の通り Error() string というメソッドを持つ型は error インターフェースを満たします。

Goのルートフォルダ/src/builtin/builtin.go

```
type error interface {
    Error() string
}
```

以下はファイルを開くときに使用する os.Open の定義ですが、戻り値の最後が error 型となっています。何らかのエラーがある場合、error が nil 以外の値になります。

Goのルートフォルダ/src/os/file.go

```
func Open(name string) (*File, error) {
    return OpenFile(name, O_RDONLY, 0)
}
```

error が nil 以外の場合は、err.Error() でエラーメッセージを表示できます。

```
_, err := os.Open("xxx.txt")
if err != nil {
    // エラーがある場合はここでエラー処理を行う
    fmt.Printf("error : %s\n", err.Error())
}
```

▼ どんなときにインターフェースを使うべきか

Goに慣れるまでは無理に自分でインターフェースを定義する必要はありません。ただし、インターフェースが定義されている、あるいはインターフェースを使用しているライブラリなどは多いため、最低限のルールは把握しておく必要があります。

とはいえ、各ライブラリの基本的な使い方をしている段階ではインターフェースを意識することは少ないかもしれません。以下のようなメッセージ（missing XXXX method）が出力されたときに、あらためて考えるとよいでしょう。

```
main.go:12:7: cannot use 1 (constant of type int) as type Stringer in argument to dump:
        int does not implement Stringer (missing String method)
```

このエラーメッセージからは、main.goの12行目でdump()の引数に1を使おうとしているが**Stringerを実装できていない**というエラーが表示されています。具体的にStringというメソッドがないことも書かれています。

このエラーメッセージを確認したあとに、Stringer型を調べましょう。まずは使用している関数などが含まれるソース全体をStringerで検索してみます。今回の場合は以下がヒットします。

```
type Stringer interface {
    String() string
}
```

上記インターフェースの定義より以下のような定義が必要であることがわかります。型Tは既存の型である場合もあれば、自身で定義する必要がある場合もあります。

```
func (x T) String() string
```

自身で定義する例として、Stringerを満たすMyStruct型、MyFloat型の実装例は以下になります。型の名前はMyStructやMyFloatである必要はなくString() stringを実装している型であれば何でもよい、というのがGoのインターフェースです。

```
package main

type Stringer interface {
    String() string
}

func dump(s Stringer) {
    println(s.String())
}

type MyStruct struct{}

func (s MyStruct) String() string {
```

```
    return "MyStruct"
}

type MyFloat float32

func (s MyFloat) String() string {
    return "MyFloat"
}

func main() {
    var val1 MyStruct
    var val2 MyFloat
    dump(val1)
    dump(val2)
}
```

実行結果

```
MyStruct
MyFloat
```

　実際にはインターフェースを正しく実装する必要がありますが、一旦はビルドが通るようになります。正しい実装を行うためには、そのインターフェースに何を期待されているかを確認しておく必要があります。Stringerの場合は、多くの場合その型の文字列表現を返すべきであるため、上記のように単にMyFloatという文字列を返すだけでは足りていないことが多いです。恐らくは以下のような文字列表現を返すべきでしょう。

```
type MyFloat float32

func (s MyFloat) String() string {
    return fmt.Sprintf("%f", s)
}
```

09 unsafe
Section

unsafeはその名の通り安全ではない処理を含むpackageです。Goはメモリ管理や型システムなどにより安全性を高めていますが、unsafeはそれらを回避するためのpackageです。本書がターゲットとする組込み開発においては、unsafeが必要なケースがいくつかあります。ここではTinyGoでよく使う部分に絞り解説します。

unsafeを使って作成したソースコードは、環境が変わると動かないことが多々あるため注意が必要です。この節では基本的にはTinyGo用かつATSAMD51用のソースコードを記載します。

▼ unsafe.Pointer

unsafe.Pointerは任意の型の値へのポインタです。TinyGoによる組込み開発でよく使うケースはレジスターへのアクセスです。マイコンの各機能にアクセスするためには、多くの場合所定のアドレスに対して読み書きする必要があります。例えばATSAMD51マイコンには以下のアドレスにSerial Numberが記録されています。

Serial Number（SAM D5x/E5x Family Data Sheetより引用）

> **9.6   Serial Number**
> Each device has a unique 128-bit serial number which is a concatenation of four 32-bit words contained at the following addresses:
>
> Word 0: 0x008061FC
>
> Word 1: 0x00806010
>
> Word 2: 0x00806014
>
> Word 3: 0x00806018
>
> The uniqueness of the serial number is guaranteed only when using all 128 bits.

アドレスに対して直接アクセスするためにはunsafe.Pointerが必要となります。詳細は後述しますが、uintptrなどを組み合わせることで指定アドレスから読み込むことができます。

```
package main

import (
    "fmt"
    "time"
    "unsafe"
)

func main() {
    // ATSAMD51 用であることに注意
    sn := [4]uint32{}
    sn[0] = *(*uint32)(unsafe.Pointer(uintptr(0x008061FC)))------❶
    sn[1] = *(*uint32)(unsafe.Pointer(uintptr(0x00806010)))
    sn[2] = *(*uint32)(unsafe.Pointer(uintptr(0x00806014)))
    sn[3] = *(*uint32)(unsafe.Pointer(uintptr(0x00806018)))

    for {
        fmt.Printf("%08X %08X %08X %08X\r\n", sn[0], sn[1], sn[2], sn[3])
        time.Sleep(1 * time.Second)
    }
}
```

実行結果

```
4E39975F 53374338 38202020 FF132F48
```

❶の部分では、以下のように変換しています。手数が多く面倒に感じると思います
が、安全ではないのでこれぐらいがちょうどよいと考えます。ほとんどのレジス
ターは、TinyGoのルートフォルダ/src/device以下で定義済みです。直接実装する
機会は少ないですが、マイコンが持つすべての機能を使用したい場合にはこのよう
な実装が必要となることがあります。

```
0x008061FC
→ アドレス（数値）

uintptr(0x008061FC)
→ unsafe.Pointer型に変換可能となるuintptr型の0x008061FCに変換

unsafe.Pointer(uintptr(0x008061FC))
→ Goのいろいろな型に変換可能となるunsafe.Pointer型の0x008061FCに変換
→ ポインタでありアドレス0x008061FCを指し示す

(*uint32)(unsafe.Pointer(uintptr(0x008061FC)))
→ unsafe.Pointerをuint32へのポインタに変換
→ 0x008061FCにuint32型でアクセスできるようになる

*(*uint32)(unsafe.Pointer(uintptr(0x008061FC)))
→ uint32型のポインタが指し示すデータの実体に変換
```

なお、上記のソースコードをWindows 11で実行した場合エラーになりました。unsafeを使うことで、移植性の低い安全ではないプログラムとなっていることがわかります。

```
unexpected fault address 0x8061fc
fatal error: fault
[signal 0xc0000005 code=0x0 addr=0x8061fc pc=0x41cc91]
```

▼ unsafe.PointerでGoの変数アドレスをレジスターに渡す

　プログラムで作成したRAMのアドレスをレジスターに渡したいケースがあります。そのような場合は、uintptr型もしくはuintptr型から変換したuint32型などを使用します。実際の使用例は以下の通りです。

　USBのマイコンからの送信を行う処理ソースコードです。Goで定義したudd_ep_in_cache_buffer[ep]のアドレスをADDRに設定するためにunsafe.Pointerが使われていることがわかります。

TinyGoのルートフォルダ/src/machine/machine_atsamd51_usb.go

```
// 紙面の関係上、少し変更していることに注意
usbEndpointDescriptors[ep].DeviceDescBank[1].ADDR.Set(
    uint32(uintptr(unsafe.Pointer(&udd_ep_in_cache_buffer[ep]))))
```

　ここでは以下のように変換しています。

```
&udd_ep_in_cache_buffer[ep]
→ udd_ep_in_cache_buffer[ep]へのポインタ

unsafe.Pointer(&udd_ep_in_cache_buffer[ep])
→ 上記をunsafe.Pointerに変換
→ まだこの時点ではアドレスを値に変換できない

uintptr(unsafe.Pointer(&udd_ep_in_cache_buffer[ep]))
→ 上記をuintptrに変換

uint32(uintptr(unsafe.Pointer(&udd_ep_in_cache_buffer[ep])))
→ 上記をレジスターの型に合わせてuint32に変換
```

▼ unsafe.Pointerを用いた型変換

Go側で生成したスライス z に対して、unsafe.Pointer を用いた型変換の例を示します。この例は Go と TinyGo の両方で動作します。バイトオーダーの関係により zUint16 は 0x1234 ではなく 0x3412 になることに注意が必要です。unsafe を使うときはこのような注意点が増えることを意識しておく必要があります。

スライスをスライスに変換する場合は unsafe.Slice を使います。len には適切なサイズを指定する必要があるため、[]uint8 から []uint16 に変換した場合は、半分のサイズを指定する必要があります。

```
func Slice(ptr *ArbitraryType, len IntegerType) []ArbitraryType
```

ソースコード全体は以下の通りです。

```
package main

import (
    "fmt"
    "time"
    "unsafe"
)

func main() {
    time.Sleep(3 * time.Second)

    z := []uint8{0x12, 0x34, 0x56, 0x78}
    fmt.Printf("z        : %#v\r\n", z)

    // []uint8{0x12}をuint8型に変換
    zUint08 := *(*uint8)(unsafe.Pointer(&z[0]))
    fmt.Printf("zUint08  : %#v\r\n", zUint08)

    // []uint8{0x12, 0x34}をuint16型に変換
    zUint16 := *(*uint16)(unsafe.Pointer(&z[0]))
    fmt.Printf("zUint16  : %#v\r\n", zUint16)

    // []uint8{0x12, 0x34, 0x56, 0x78}をuint32型に変換
    zUint32 := *(*uint32)(unsafe.Pointer(&z[0]))
    fmt.Printf("zUint32  : %#v\r\n", zUint32)

    // zを[]uint8型に変換
    zUint08s := unsafe.Slice((*uint8)(unsafe.Pointer(&z[0])), len(z))
    sz := unsafe.Sizeof(zUint08s[0])
    fmt.Printf("zUint08s : %#v (size: %d)\r\n", zUint08s, sz)
```

```
    // zを[]uint16型に変換
    zUint16s := unsafe.Slice((*uint16)(unsafe.Pointer(&z[0])), len(z)/2)
    sz = unsafe.Sizeof(zUint16s[0])
    fmt.Printf("zUint16s : %#v (size: %d)\r\n", zUint16s, sz)

    // zを[]uint32型に変換
    zUint32s := unsafe.Slice((*uint32)(unsafe.Pointer(&z[0])), len(z)/4)
    sz = unsafe.Sizeof(zUint32s[0])
    fmt.Printf("zUint32s : %#v (size: %d)\r\n", zUint32s, sz)
}
```

```
z        : []byte{0x12, 0x34, 0x56, 0x78}
zUint08  : 0x12
zUint16  : 0x3412
zUint32  : 0x78563412
zUint08s : []byte{0x12, 0x34, 0x56, 0x78} (size: 1)
zUint16s : []uint16{0x3412, 0x7856} (size: 2)
zUint32s : []uint32{0x78563412} (size: 4)
```

　バイナリ列を任意の構造体に変換する例は以下の通りです。この例はGoと
TinyGoの両方で動作します。

　ただし、unsafeはバイトオーダーが異なる場合など、意図通りに動かない場合
があります。また、Goの構造体の各要素が意図通りに配置されない可能性もあり
ます。よって、構造体への変換はunsafeを使わずGoで愚直に実装したほうがよい
です。

```
package main

import (
    "fmt"
    "time"
    "unsafe"
)

type MyData struct {
    No   uint16
    Data [2]uint8
}

func main() {
    time.Sleep(3 * time.Second)
```

```
    org := []byte{
        0x01, 0x00, 0x12, 0x34,
        0x02, 0x00, 0x56, 0x78,
    }
    fmt.Printf("org : %#v\r\n", org)

    data := unsafe.Slice((*MyData)(unsafe.Pointer(&org[0])),
        len(org)/int(unsafe.Sizeof(MyData{})))
    for i, d := range data {
        fmt.Printf("data[%d]\r\n", i)
        fmt.Printf("  No   : %d\r\n", d.No)
        fmt.Printf("  Data : 0x%02X 0x%02X\r\n", d.Data[0], d.Data[1])
    }
}
```

実行結果

```
org : []byte{0x1, 0x0, 0x12, 0x34, 0x2, 0x0, 0x56, 0x78}
data[0]
  No   : 1
  Data : 0x12 0x34
data[1]
  No   : 2
  Data : 0x56 0x78
```

unsafe.Slice は、[]uint8 などの基本的なスライスにのみ使用したほうが無難です。

10 cgo

cgoとは、GoからC言語で書かれたソースコードを呼び出すための仕組みです。C言語のソースコードは、Goのソースコード内に書くことが可能で、単体のC言語のソースファイルに書くこともできます。

cgoは無理に覚える必要はないので読み飛ばしてしまってかまいません。必要になった際にあらためて読んでみてください。

▼ 使い方

Cという特別なpackageをimportすることでcgoを使います。import "C"の直前のコメント内に書かれたソースコードはC言語のソースとして使用されます。

```
/*
// ここにC言語のソースを書く
*/
import "C"
```

以下のように、空行がある場合は正しくビルドされません。

```
/*
// コメントとimport "C"が連続していないため正しくビルドされない
*/

import "C"
```

▼ GoからC言語関数を呼び出す

C言語で作られた関数は、C.XXXという名前でアクセスできます。引数や戻り値など、C言語とGoの間では型の変換が必要です。例えば、次のC言語のadd_c()の引数と戻り値はともにC言語のint型です。Goから使う場合、引数はC.int型に変換する必要があり、戻り値はGoのint型に変換する必要があります。

```
package main

/*
int add_c(int x, int y) {
    return x + y;
}
*/
import "C"

func main() {
    println(add(1, 2))
}

func add(x, y int) int {
    // C言語で定義したadd_c関数は、Goからコールする場合
    // 引数も戻り値もintではなくC.int型であることに注意
    result := C.add_c(C.int(x), C.int(y))
    // resultはC.int型であるため、returnする前にint型に変換する
    return int(result)
}
```

実行結果

3

　GoからC言語の関数を使う場合は、型の変換が必要であり使用者にとっては使いにくいです。cgoを使ったpackageを作る場合は、上記add()のようにC言語を意識せずに使える形で実装することが多いです。

▼ 同一フォルダにCソースを置く

　C言語のソース（*.cや*.hなど）をGoのソースコードと同じフォルダに配置して、C言語のソースコードを呼び出す方法もあります。

main.go

```
package main

// #include "main.h"
import "C"

func main() {
    println("C.x       :", C.x)
    println("C.MACRO_X :", C.MACRO_X)
    println("C.add     :", C.add(C.MACRO_X, C.x))
}
```

3

Goの基本

```
extern int x;
int add(int x, int y);
#define MACRO_X (22)
```

```
int x = 11;
int add(int x, int y) { return x + y; }
```

```
C.x       : 11
C.MACRO_X : 22
C.add     : 33
```

▼ C言語からGoの関数を呼び出す

　C言語からGoの関数を呼び出すためには、Goから事前に関数をエクスポートしておく必要があります。またエクスポートするためには、前節のようにC言語ソースはGoのソースコードとは別に用意する必要があります。最低限の例は以下の通りです。

　エクスポートには、以下の例で//export goPrintとしている部分が必要となります。// と export の間はスペースを入れてはいけません。export された Go の関数はC言語からアクセスできます。引数および戻り値については後述します。

```
package main

// void cPrint();
import "C"

//export goPrint
func goPrint() {
    println("hello from goPrint\n")
}

func main() {
    C.cPrint()
}
```

```
                                                              main.c
#include <stdio.h>
void goPrint();
void cPrint() {
    printf("hello from cPrint\n");
    goPrint();
}
```

実行結果

```
hello from cPrint
hello from goPrint
```

▼ C言語の型に対応するGoの型

C言語から引数と戻り値を持つGoの関数を呼び出す場合、C言語側かGo側のどちらかで型変換を行います。型の対応は次の表の通りです。とりうる値の範囲に気を付けつつ、何に変換するかを決めるとよいでしょう。

C言語の型に対応するGoの型

C言語	Go	備考
char	C.char	
signed char	C.schar	
unsigned char	C.uchar	
short	C.short	
unsigned short	C.ushort	
long	C.long	
unsigned long	C.ulong	
long long	C.longlong	
unsigned long long	C.ulonglong	
float	C.float	TinyGoでは未対応（※）
double	C.double	TinyGoでは未対応（※）
void *	unsafe.Pointer	

※ TinyGoではfloatはfloat32、doubleはfloat64にマッピングされるため型変換は不要

▼ C言語からGoの関数を呼び出す（引数と戻り値）

　次の例では、C言語から引数と戻り値を持つGoの関数を呼び出すため、呼び出される側のGoで型変換に対応します。すなわち、C言語からはごくごく普通のC言語の関数として呼び出せるようにします。これによりGo側の実装は読みにくいものとなりますが、仕方がありません。

　以下のようにGoからmultiplyという関数をexportしますが、引数および戻り値はcgo用の型を使用しています。呼び出せてしまえば、あとはunsafe.Pointerやunsafe.Sliceなどを使って順番に処理するだけです。

main.go

```go
package main

// void run();
import "C"
import "unsafe"

//export multiply
func multiply(array *C.uchar, sz C.int, multiplier C.uchar) *C.uchar {
    s := unsafe.Slice((*uint8)(unsafe.Pointer(array)), int(sz))
    for i := range s {
        s[i] = s[i] * uint8(multiplier)
    }
    return (*C.uchar)(unsafe.Pointer(&s[0]))
}

func main() {
    C.run()
}
```

main.c

```c
unsigned char *multiply(unsigned char *array, int sz, int multiplier);

#include <stdio.h>
void run() {
    unsigned char array[3] = {
        0x11, 0x22, 0x33
    };
    printf("input  : 0x%02X 0x%02X 0x%02X\n", array[0], array[1], array[2]);

    unsigned char *result;
    result = multiply(array, 3, 3);

    printf("result : 0x%02X 0x%02X 0x%02X\n", result[0], result[1], result[2]);
}
```

```
実行結果
input  : 0x11 0x22 0x33
result : 0x33 0x66 0x99
```

▼ C言語の配列の取り扱い

　C言語の関数の引数や戻り値が配列である場合は、以下のような形で書きます。通常のGoではC.CBytes([]byte) unsafe.Pointerなどを使用できますが、TinyGoでは定義されていません。ここでは、いろいろな型で同じように使うことのできる書き方を紹介します。C言語関数の引数、戻り値ともにいつも同じような処理となるため、1つの書き方を覚えておけばよいです。

```
package main

/*
// 入力された長さlenの配列cに対し、それぞれの要素を倍にした要素を返します
unsigned long *doubler(unsigned long *c, int len) {
    int i;
    for (i = 0; i < len; i++) {
        c[i] = c[i] * 2;
    }
    return c;
}
*/
import "C"
import (
    "fmt"
    "unsafe"
)

func main() {
    input := []uint32{0x11111111, 0x22222222, 0x33333333}
    fmt.Printf("input (before) : %#v\n", input)

    // C言語で定義されたdoublerを呼び出す
    result := C.doubler((*C.ulong)(unsafe.Pointer(&input[0])), C.int(len(input)))

    // doublerによりinputは書き換えられる
    fmt.Printf("input (after)  : %#v\n", input)

    // doublerからの戻り値をGoから扱いやすい[]uint32型に変換する
    result2 := unsafe.Slice((*uint32)(unsafe.Pointer(result)), len(input))
    fmt.Printf("result2        : %#v\n", result2)
}
```

```
input (before) : []uint32{0x11111111, 0x22222222, 0x33333333}
input (after)  : []uint32{0x22222222, 0x44444444, 0x66666666}
result2        : []uint32{0x22222222, 0x44444444, 0x66666666}
```

▼ C言語の構造体の取り扱い

　C言語の構造体も関数同様にC.point_cのような形でアクセスできます。以下では、Goで定義したp1とp2に対し、C言語のadd_point関数を実行しています。

```
package main

/*
typedef struct {
    int x;
    int y;
} point_c;

// p1とp2の座標を足し合わせたものを返す
point_c add_point(point_c p1, point_c p2) {
    p1.x += p2.x;
    p1.y += p2.y;
    return p1;
}
*/
import "C"
import "fmt"

type Point struct {
    X int
    Y int
}

func main() {
    p1 := Point{X: 1, Y: 2}
    p2 := Point{X: 3, Y: 4}

    fmt.Printf("input  : %#v %#v\n", p1, p2)
    result := C.add_point(go2c(p1), go2c(p2))
    fmt.Printf("result : %#v\n", c2go(result))
}

func go2c(p Point) C.point_c {
    return C.point_c{
        x: C.int(p.X),
        y: C.int(p.Y),
```

```go
    }
}

func c2go(p C.point_c) Point {
    return Point{
        X: int(p.x),
        Y: int(p.y),
    }
}
```

実行結果

```
input  : main.Point{X:1, Y:2} main.Point{X:3, Y:4}
result : main.Point{X:4, Y:6}
```

▼ シンプルに使おう

　さまざまな例を紹介しましたが、あまり複雑なことをしないように心がけておけば、違和感なく操作できます。Goだけで実装しにくい場合、C言語側でヘルパー関数を書くことも可能です。GoとC言語という異なる言語をつなぐ場所をなるべくシンプルにしておくことで、やり取りしやすくなります。

▼ コンパイルオプション、リンクオプション

　#cgoという疑似ディレクティブを使ってコンパイルやリンク時のオプションを指定できます。以下は公式サイトに記載されている例です。CFLAGSはCコンパイラーに渡され、LDFLAGSはリンカーに渡されます。amd64や386などを追加することにより、オプションを追加する対象を絞ることができます。

```go
// #cgo CFLAGS: -DPNG_DEBUG=1
// #cgo amd64 386 CFLAGS: -DX86=1
// #cgo LDFLAGS: -lpng
// #include <png.h>
import "C"
```

使用できるオプション

オプション	説明
CFLAGS	Cコンパイラー用のオプションを指定
CPPFLAGS	プリプロセッサ用のオプションを指定
CXXFLAGS	C++コンパイラー用のオプションを指定
FFLAGS	Fortranコンパイラー用のオプションを指定
LDFLAGS	リンカー用のオプションを指定

▼ TinyGoでの実例

　TinyGoに関するプロジェクトでの実例として、tinygo-org/bluetoothがあります。tinygo-org/bluetoothは、クロスプラットフォームのBluetooth通信のためのpackageです。LinuxとmacOSとWindowsとNordic SemiconductorのnRFシリーズに対応しています。その中でも特にnRFシリーズに対してcgoが使われています。

　nRFシリーズはバイナリ形式でリリースされているプロトコルスタックです。プロトコルスタック内のAPIはC言語のヘッダーファイルに記載されており、cgoから使用できます。TinyGoにおける既存のcgo利用例としては、最大級のものになります。cgoについて調べたいときに、適宜参照してください。

adapter_s140v7.go

```
//go:build softdevice && s140v7
// +build softdevice,s140v7

package bluetooth

/*
// Add the correct SoftDevice include path to CFLAGS, so #include will work as
// expected.
#cgo CFLAGS: -Is140_nrf52_7.3.0/s140_nrf52_7.3.0_API/include
*/
import "C"
```

🔍 tinygo-org/bluetooth: Cross-platform Bluetooth API for Go and TinyGo
　https://github.com/tinygo-org/bluetooth

TinyGo
Internals

本章では TinyGo の内部に踏み込み、ターゲットごとに設定を切り替える方法や、TinyGo 独自の標準 package などについて説明します。

01
Section

GOROOTと
TINYGOROOT

TinyGoの標準packageおよび必要なファイルは、すべてTinyGoをインストールしたフォルダ以下にあります。TinyGoをインストールしたフォルダは、tinygoのコマンドで**tinygo env TINYGOROOT**を実行すると確認できます。Ubuntuで実行している筆者の環境では、以下のように表示されました。以降では、TinyGoをインストールしたフォルダを**$TINYGOROOT**と表記します。

TINYGOROOTの例

```
$ tinygo env TINYGOROOT
/home/sago35/tinygo/tinygo
```

同様に、Goのルートフォルダは**go env GOROOT**で確認できます。以降では、Goのルートフォルダは**$GOROOT**と表記します。

GOROOTの例

```
$ go env GOROOT
/home/sago35/go
```

02
Section

ビルドタグ

▼ Goの標準機能：ビルドタグ

TinyGoはターゲットごとの設定をビルドタグ機能で切り替えています。ビルドタグはTinyGo固有のものではなくGoに存在するものです。ここではTinyGoのソースコードの理解に必要な最低限の情報を記載します。詳細は以下のドキュメントに記載されています。

🔎 Build Constraints
https://pkg.go.dev/go/build#hdr-Build_Constraints

ビルドタグは//go:build XXXXのような形で記述する特別なコメント文です。条件を満たすファイルのみがビルド対象（go buildやtinygo buildの対象）として選択されます。package宣言よりも前に記載する必要があるので注意しましょう。

以下のように書いた場合は、wioterminalというビルドタグが指定された際にそのファイルがビルド対象となります。wioterminalが指定されていない場合はビルド対象外となります。

```
//go:build wioterminal

package main
// 省略
```

対して以下のように書いた場合は、wioterminalというビルドタグが指定された際にビルド対象外となります。!で否定（NOT）を表します。また、ANDを表す&&やORを表す||、優先度を指定するために小括弧を使った表記も可能です。

```
//go:build !wioterminal

package main
// 省略
```

Wio TerminalにはATSAMD51というCPUが搭載されていますが、それに対応したatsamd51というタグを使ってATSAMD51に共通する処理を書くこともできます。ATSAMD51にもピン数やROM、RAM容量の違いで複数のバリエーションがありますが、それらもatsamd51p19などのタグで区別されています。C言語やC++におけるプリプロセッサー分岐と似ています。

▽ 古い書き方
ビルドタグの表記は、Go 1.16以前は以下のような書き方でした。Go 1.18リリース以降、Go 1.16はメンテナンス対象外となったためこの書き方は使用されません。この書き方をしていた場合、go fmtでフォーマットするときに新しい書き方が追加されるようになっているため、今後は新しい書き方を使いましょう。

```
// +build wioterminal

package main
// 省略
```

▼ targetごとのビルドタグ

ビルドタグを使って設定を書き分けていることを説明しましたが、ビルド時に必要となるビルドタグはどのように指定しているのでしょうか？ tinygo flashなどでtargetを指定した場合、targets/*.jsonにある設定ファイルが読み込まれます。-target wioterminalを指定した場合は、targets/wioterminal.jsonが読み込まれます。

$TINYGOROOT/targets/wioterminal.json

```
{
    "inherits": ["atsamd51p19a"],
    "build-tags": ["wioterminal"],
    "serial": "usb",
    "serial-port": ["acm:2886:002d", "acm:2886:802d"],
    "flash-1200-bps-reset": "true",
    "flash-method": "msd",
    "msd-volume-name": "Arduino",
    "msd-firmware-name": "firmware.uf2",
    "openocd-verify": true
}
```

　このファイルからはさまざまなことがわかりますが、ビルドタグに関する部分を説明します。まずこのファイルの**build-tags**によりビルドタグ**wioterminal**が指定されています。また、このファイルはinheritsにより**atsamd51p19a.json**を継承しています。継承を辿っていくと**atsamd51p19a.json**は**cortex-m4.json**を継承し、**cortex-m4.json**は**cortex-m.json**を継承しています。継承したファイルにもビルドタグは記載されており、すべてのビルドタグが有効になります。

　これらのファイルで読み込まれたビルドタグは、**tinygo info**コマンドの**build tags**で確認できます。

```
$ tinygo info wioterminal
LLVM triple:      thumbv7em-unknown-unknown-eabi
GOOS:             linux
GOARCH:           arm
GOARM:            6
build tags:       cortexm baremetal linux arm atsamd51p19a atsamd51p19 atsamd51
                  sam wioterminal tinygo math_big_pure_go gc.conservative
                  scheduler.tasks serial.usb
garbage collector: conservative
scheduler:        tasks
cached GOROOT:    ...
```

　継承も含めてすべての設定を読み込んだ時点のビルドタグは、以下の通りです。これらのビルドタグを用いて、TinyGoの標準package、あるいはそれ以外のpackageが処理されることになります。

```
cortexm baremetal linux arm atsamd51p19a atsamd51p19 atsamd51
sam wioterminal tinygo math_big_pure_go gc.conservative
scheduler.tasks serial.usb
```

　例えば、各種マイコンボード用の定義は**src/machine/board_*.go**に実装されていますが、-target wioterminalで処理されるファイルはsrc/machine/board_wioterminal.goのみです。以下にファイル先頭部を抜粋していますが、ビルドタグを使用して適切なソースコードが選択されます。

$TINYGOROOT/src/machine/board_wioterminal.go(一部抜粋)

```
//go:build wioterminal
// +build wioterminal
```

```
package machine

// used to reset into bootloader
const RESET_MAGIC_VALUE = 0xf01669ef

// (省略)
```

▼ ビルド対象のソースコードを列挙する

　TinyGo 0.25時点の$TINYGOROOT/src/machineには、201ファイル存在します。そのうち-target wioterminalでビルド対象になるファイルを調べたいときはgo listを使います。環境変数GO111MODULEをoffに設定したうえで、以下のコマンドを実行してみてください。go list部は紙面の都合で複数行になっていますが、実際は1行で入力してください。

```
$ cd $TINYGOROOT/src/machine

$ go list -tags=cortexm,baremetal,linux,arm,atsamd51p19a,atsamd51p19,atsamd51,sam,wiot
erminal,tinygo,math_big_pure_go,gc.conservative,scheduler.tasks,serial.usb -f '{{join
.GoFiles "\n"}}'
```

　200近いファイルのうち、以下のファイルがビルド対象であることがわかります。この程度の数であれば追いかけることができますね。

```
adc.go
board_wioterminal.go
buffer.go
i2c.go
i2s.go
machine.go
machine_atsamd51.go
machine_atsamd51_usb.go
machine_atsamd51p19.go
pwm.go
serial-usb.go
serial.go
uart.go
usb.go
```

▽ tinygo-used-files

ビルド対象のソースコードを列挙するためのコマンドは少し長いので、もう少し簡単に実行するツールを作成しました。興味がある人は試してみてください。

```
$ go install github.com/sago35/tinygo-used-files@latest
```

使用方法は以下の通りです。

```
$ cd $TINYGOROOT/src/machine

$ tinygo-used-files -target wioterminal
```

以下のようなエラーが発生する場合は、P.20、P.22 もしくは P.24 の PATH の設定を確認してください。

```
bash: tinygo-used-files: command not found
```

🔎 tinygo-used-files
https://github.com/sago35/tinygo-used-files

4

TinyGo Internals

03 TinyGoの標準package
Section

　TinyGoの標準package一覧を示します。表に存在しない**fmt**や**time**といったpackageはGoの標準packageが使用されます。

TinyGoの標準package一覧

package path	備考
crypto/rand	ランダム値を生成するpackage、TinyGo用に各種マイコン実装を追加
device	レジスターなどのマイコンごとの定義ファイル
examples	各種サンプルコード
internal/bytealg	pure Goで再実装された[]byteなどに関する操作関数を集めたpackage
internal/fuzz	Go 1.18対応のためにTinyGoに追加されたpackage
internal/itoa	Go 1.16対応のためにTinyGoに追加、数値を文字列に変換するpackage
internal/reflectlite	軽量版reflect package
internal/task	TinyGoのみ、schedulingに関するpackage
machine	TinyGoのみ、board定義とペリフェラル（※1）の実装のためのpackage
net ※2	networkのためのpackage
os ※2	platformごとのOS対応のためのpackage
reflect	リフレクションのためのpackage
runtime	runtimeのためのpackage、クロックやschedulingなどを扱う
sync ※2	マイコンを考慮したsync package
syscall	OSとのやり取りを行う低水準関数のためのpackage
testing ※2	tinygo testのためのpackage

※1：ペリフェラルはマイコンに内蔵された機能を表し、詳細は5章で説明
※2：Go packageにTinyGo packageを追加して使用する

　以降、特にマイコンをターゲットとしたときに重要となるdevice、machine、runtime packageについて説明します。

▼ device package

device packageはマイコンのレジスター定義などを行っているpackageです。大半のコードはXMLで書かれたCMSIS System View Description（SVD）ファイルから自動生成されます。Wio Terminal用のマイコンであるATSAMD51P19の定義は、device/sam/atsamd51p19a.goにあります。

device packageはまさにマイコンに依存するファイルであり、使用するとマイコン間の移植性を下げてしまいます。逆に使用せずに書かれたソースコードはマイコンが変わってもそのまま動く可能性が高いです。

$TINYGOROOT/src/device/sam/atsamd51p19a.go

```
// Automatically generated file. DO NOT EDIT.
// Generated by gen-device-svd.go from ATSAMD51P19A.svd, see https://github.com/
posborne/cmsis-svd/tree/master/data/Atmel

//go:build sam && atsamd51p19a
// +build sam,atsamd51p19a

// Microchip ATSAMD51P19A Microcontroller
//

package sam

import (
    "runtime/volatile"
    "unsafe"
)

// Some information about this device.
const (
    Device       = "ATSAMD51P19A"
    CPU          = "CM4"
    FPUPresent   = true
    NVICPrioBits = 3
)
```
（省略）

次の例は、USBペリフェラルをUSB Device modeで使用しているとき、CTRLAレジスターのENABLEビットをセットする書き方です。SVDファイルの定義に依存しますが、データシートとほぼ同じ名前で自然に扱えます。これらレジスターの大半は、runtime/volatile.Register32などのvolatile型の値として定義されています。runtime/volatileについては後述します。

```
// enable USB
sam.USB_DEVICE.CTRLA.SetBits(sam.USB_DEVICE_CTRLA_ENABLE)
```

　device以下にはアセンブラ向けや、ARMマイコンに共通する処理のための
packageがあります。**device.Asm()** および **device.AsmFull()** により、Goのソース
コード内に直接アセンブリ言語を記述できます。最初のうちはほとんど使うことは
ないと思いますが、覚えておくとよいでしょう。典型的なAsm使用例であるnop
という何もしない命令を使って、一定時間待つコードは以下の通りです。

tinygo.org/x/drivers/i2csoft/i2csoft_atsamd51.go

```
func (i2c *I2C) wait() {
    wait := 20
    for i := 0; i < wait; i++ {
        device.Asm(`nop`)
    }
}
```

　device.AsmFull() を使うと引数を扱うことができます。

$TINYGOROOT/src/device/arm/arm.go

```
func EnableInterrupts(mask uintptr) {
    AsmFull("msr PRIMASK, {mask}", map[string]interface{}{
        "mask": mask,
    })
}
```

▼ machine package

　マイコンが搭載されたボードという単位や、マイコンに搭載されるペリフェラル
などのためのpackageです。

▽ $TINYGOROOT/src/machine/board_wioterminal.go
　board_*.go はボードごとの差異を吸収／実装するために用意されており、Wio
Terminalのボードに依存する設定が実装されています。このファイルにより
machine.LED や **machine.BUTTON** といったラベルが定義されます。

▽ $TINYGOROOT/src/machine/machine_atsamd51.go

マイコン ATSAMD51 に共通する機能が実装されています。同じマイコンを使うボードからは共通で使用されます。ATSAMD51 の SPI や I2C や UART といった各ペリフェラルを使用するための実装が含まれます。

▽ $TINYGOROOT/src/machine/machine_atsamd51_usb.go

USB を使うための機能が実装されています。USB CDC や USB HID などを使うために必要となります。

▽ $TINYGOROOT/src/machine/machine_atsamd51p19.go

マイコン ATSAMD51 の型番 ATSAMD51P19 に特化した機能が実装されています。型番による差異は ROM ／ RAM サイズやペリフェラルの数などへの対応などがメインです。ATSAMD51 の型番における P は Pin 数やペリフェラルの数を表し、**19** は ROM=512KB、RAM=192KB を表します。

▽ 上記以外

上記以外のファイルは特定マイコンへの依存が少ない機能が実装されています。例えば、adc.go にはマイコンに依存しない ADCConfig という設定用の構造体が定義されていて、ATSAMD51 マイコンの実装は machine_atsamd51.go の中にある、という形です。

machine packageのさまざまな実装

ソースコード	備考
machine/adc.go	AD変換
machine/buffer.go	USB CDC のためのバッファー定義
machine/i2c.go	I2C
machine/i2s.go	I2S
machine/pwm.go	PWM
machine/serial-none.go	-serial none 時に使用
machine/serial-usb.go	-serial usb 時に使用
machine/serial-uart.go	-serial uart 時に使用
machine/serial.go	標準入出力のターゲットを指定する
machine/uart.go	UART
machine/usb.go	USB通信

▼ runtime package

runtime は、goroutine のスケジューラーや channel、マイコンの初期設定や init() の呼び出し、main() の呼び出しなどを行う package です。GC や Time handling、Hashmap 実装、append や defer などの実装も runtime package に含まれます。この package からすべてが始まります。

ATSAMD51 マイコンの場合、最初に動くのが runtime/runtime_atsamd51.go の init()、そして main() です。init() では CPU クロックや各ペリフェラル用クロックの設定、RTC の初期化などが行われます。runtime package の main() は init() のあとで動く処理で、最終的に main package の main() をコールします。

▽ runtime.Gosched

この package の中には TinyGo にとって重要な Gosched() という関数があります。Gosched() は、プロセッサーを開放し、他の goroutine に制御を移します。TinyGo の goroutine は、channel 待ちや time.Sleep などが発生しない限り切り替わらないので、強制的に切り替えたい場合に Gosched() を使用します。time.Sleep などでも切り替わりますが、Gosched() を使うほうが効率的です。

$TINYGOROOT/src/runtime/scheduler.go

```
func Gosched()
```

▼ runtime/interrupt package

割り込みに関する package です。以下のソースコードで割り込みを有効化し、割り込みハンドラーを登録することができます。また、SetPriority により割り込みの優先度を設定することができます。machine/machine_atsamd51.go に実装例が多数あります。以下の例は、GPIO に対する割り込みを設定するソースコードです。

$TINYGOROOT/src/machine/machine_atsamd51.go

```
// External Interrupt Controllerの割り込み0を有効にし、
// 割り込み発生時にhandleEICInterruptがコールされるように設定する
// 割り込みハンドラーではヒープアロケーションが発生しないようにすること
handleEICInterrupt := func(interrupt.Interrupt) {
    flags := sam.EIC.INTFLAG.Get()
    sam.EIC.INTFLAG.Set(flags)      // clear interrupt
    for i := uint(0); i < 16; i++ { // there are 16 channels
        if flags&(1<<i) != 0 {
            pinCallbacks[i](interruptPins[i])
```

```
        }
    }
}
interrupt.New(sam.IRQ_EIC_EXTINT_0, handleEICInterrupt).Enable()
```

　割り込み禁止、割り込み許可は多くのマイコンで以下のように使うことができます。TinyGoでも入力割り込みやタイマー割り込みなどを使用するうえで、割り込み禁止などが必要になる場合があります。interrupt.Disable()で割り込み禁止、interrupt.Restore()で割り込み許可を行います。割り込み禁止をしたうえで処理したいコードは以下のように書くことができます。

```
state := interrupt.Disable()
// critical section
// ここに割り込み禁止状態で処理したいコードを実装する
interrupt.Restore(state)
```

▼ runtime/volatile package

　runtime/volatileはvolatileによるロード、ストアのためのpackageです。volatileを使うことにより、コンパイラーの並び替えなどの最適化を抑止します。これらはメモリーにマップされたレジスターに対する読み書きのときに重要となります。
　もっとも使用頻度の高いであろうRegister32型を例として説明します。Register32型の他にサイズ違いでRegister8型、Register16型、Register64型があります。基本的にマイコンのレジスターにアクセスするときはこれらの型を使います。

$TINYGOROOT/src/runtime/volatile/register.go
```
// Register32は32bitのレジスターを扱うための型です
type Register32 struct {
    Reg uint32
}

// Getはrをロードして返します
//     *r.Reg
func (r *Register32) Get() uint32

// Setはvalueをrにストアします
//     *r.Reg = value
func (r *Register32) Set(value uint32)

// SetBitsはvalueのうち1が立っているビットをセットします
//     r.Reg |= value
func (r *Register32) SetBits(value uint32)
```

```
// ClearBitsはvalueのうち1が立っているビットをクリアします
//     r.Reg &^= value
func (r *Register32) ClearBits(value uint32)

// HasBitsはvalueで指定するビットが立っているかを調べます
//     (*r.Reg & value) > 0
func (r *Register32) HasBits(value uint32) bool

// ReplaceBitsはvalueで指定するビットを書き替えます
// このとき、maskおよびposが考慮され、指定領域のみが変更されます
//     r.Reg = (r.Reg & ^(mask << pos)) | value << pos
func (r *Register32) ReplaceBits(value uint32, mask uint32, pos uint8)
```

　これらの関数内部で使用しているLoadUint32やStoreUint32などはtinygoコマンドによりLLVMの命令に置き替えられます。これによりvolatileによるロード、ストアを実現しています。

04 TinyGoのビルドの流れ
Section

　ビルドの前半部分はGoとほぼ同じですが、LLVM IRを生成していることが大きな違いです。TinyGoではGo SSAからLLVM IRに変換を行い、以降のビルド工程をLLVMに任せる形をとっています。これによりLLVMが対応しているマイコンであればビルドできるようになり、異なるマイコンへの対応を容易にしています。

　LLVM IRはシンプルで扱いやすく独自の最適化を実装しやすいという利点もあります。TinyGoでは独自に未使用の変数や関数の削除などの最適化を実装しています。また、TinyGo独自の最適化に追加する形でLLVM optimizerによる最適化も適用できます。これらの最適化によりROMやRAMの使用量削減や、効率的な実行体生成を行っています。

TinyGoのビルドの流れ

TinyGoソースコード	go/parserなどの標準packageとgolang.org/x/tools/goなどにより字句解析、型チェックなどを行いASTに変換
AST	golang.org/x/tools/go/ssaによりGo SSAを生成 （tinygo build -dumpssaでGo SSA出力可能）
Go SSA	LLVM IRに変換 （tinygo build -printirでLLVM IR出力可能）
LLVM IR	最適化を行い、マシン語に変換
Objectファイル	リンカーにより実行体を生成
実行体	

05 TinyGoの実行
Section

TinyGoにはbuildやflashなど多くのサブコマンドがあります。また、それぞれのサブコマンドには多くのオプションがあります。ここではよく使うものを中心に紹介します。オプションの指定は、-o=out.uf2のような形でも、-o out.uf2のようなスペース区切りの形でも、どちらでもかまいません。あるいは、--oのような形で-を2つ書いても問題ありません。

▼ tinygo build

buildはもっとも基本的なサブコマンドで、ビルドを行います。packageを指定しない場合は、カレントフォルダのpackageがビルドされます。相対PATHで指定することも可能で、./src/examples/serialなどの形で指定できます。tinygo buildを実行する前に3章で説明したgo modを実行するのを忘れないようにしてください。これらはGoの動きと同じです。

```
# packageを指定しない例
$ tinygo build -o /tmp/out

# packageにexamples/serialを指定する例
$ tinygo build -o /tmp/out examples/serial

# packageに./src/examples/serialを指定する例
$ cd $TINYGOROOT
$ tinygo build -o /tmp/out ./src/examples/serial
```

▽ -o

-oオプションで指定するファイルは拡張子により出力フォーマットを変更できます。Wio Terminalでは基本的には.uf2を指定します。TinyGo 0.26時点で指定可能な拡張子はuf2、hex、elf、bin、zipです。

▽ **-target**

P.118の例では省略しましたが、-targetによりターゲットを決めることができます。-targetで指定する文字列はtinygo targetsで調べられます。実際のターゲットの設定は$TINYGOROOT/targets以下にあります。

```
# Wio Terminalで動く実行体を生成
$ tinygo build -o main.uf2 -target wioterminal examples/serial
```

-targetの指定を省略した場合は、tinygoコマンドを実行した環境の環境変数GOOSおよびGOARCHに従ったターゲットとなります。Windowsから実行した場合は、GOOS=windows GOARCH=amd64が指定されWindowsの実行体が生成されます。

```
$ tinygo build -o main.exe examples/serial
```

Goと同じく環境変数を切り換えることでクロスコンパイル可能です。以下の例では、linuxで動くバイナリを生成します。

```
$ GOOS=linux GOARCH=amd64 tinygo build -o serial-linux examples/serial
```

自身でターゲット設定を用意することもできます。以下のようなファイルを作成すると、基本的には-target wioterminalの設定を使うが、default-stack-sizeだけ書き替える、といったことが可能になります。inheritsでwioterminalを指定しているため$TINYGOROOT/targets/wioterminal.jsonを継承する形の設定です。

wioterminal-4096.json

```
{
    "inherits": ["wioterminal"],
    "default-stack-size": 4096
}
```

この場合のターゲットの指定は、-target ./wioterminal-4096.jsonとなります。拡張子を省略せずに書く必要があります。自分専用のビルドタグの定義などにも使用できます。

```
$ tinygo build -o main.uf2 -target ./wioterminal-4096.json examples/serial
```

▽ -size

ビルド後に ROM や RAM のサイズ情報を出力するためのオプションです。指定
しない場合は -size=none と同じになります。

-size=short を指定したときの結果は以下の通りです。

```
$ tinygo build -o /tmp/main.uf2 -size short -target wioterminal examples/serial
   code     data     bss |    flash     ram
   7372      108    6256 |     7480    6364
```

また、-size=full を指定したときの結果は以下の通りです。通常は -size=none も
しくは -size=short ぐらいでよいと思います。

```
$ tinygo build -o /tmp/main.uf2 -size full -target wioterminal examples/serial
   code   rodata     data     bss |    flash      ram | package
 ------------------------------- | -------------- | -------
   1625        0       15      72 |     1640       87 | (unknown)
     58        0        0       0 |       58        0 | C picolibc
      0        0        0    4096 |        0     4096 | C stack
     24        0        0       0 |       24        0 | compiler-rt/lib/builtins/arm
     12        0        0       0 |       12        0 | device/arm
      6        0        0       0 |        6        0 | device/sam
     50        0        0       0 |       50        0 | internal/task
     14        0        0       0 |       14        0 | src/runtime
    128        0        0       0 |      128        0 | device/arm
     30        0        0       0 |       30        0 | device/sam
    224       24        0       0 |      248        0 | internal/task
    844       75        0    1410 |      919     1410 | machine
     30        0       93       0 |      123       93 | machine/usb
    494        0        0       0 |      494        0 | machine/usb/cdc
     28       12        0       0 |       40        0 | main
   2506      564        0     678 |     3070      678 | runtime
    624        0        0       0 |      624        0 | runtime/volatile
 ------------------------------- | -------------- | -------
   6697      675      108    6256 |     7480     6364 | total
```

▽ -opt

最適化オプションを指定します。指定しない場合は -opt=z と同じになります。普段は未設定でよく、速度が気になるときのみ変更するとよいでしょう。

最適化オプションの指定

最適化レベル	説明
-opt=1	最低限の最適化、デバッグ時などにシンボル情報を得やすい
-opt=2	コードサイズを犠牲にして実行最速を最適化
-opt=s	コードサイズと実行速度のバランスをとった最適化
-opt=z	コードサイズ最適化を実施する

▽ -x

内部で使用しているコマンドを表示します。tinygo コマンドが何をしているかを解析するときなどに使用します。Windows で Wio Terminal の場合は、clang を使ったコンパイルと ld.lld を使ったリンク時のコマンドと wmic を使ったマスストレージデバイス検索時のコマンドが表示されます。

▽ -print-allocs

ヒープ割り当てを行っている箇所を表示するためのオプションです。-print-allocs=.とすることで、プログラム中のすべてのヒープ割り当てを表示できます。以下の例では、examples/blinky1 が依存しているすべての箇所に対してのヒープ割り当てを表示します。プログラムの速度改善のためには、ヒープ割り当てをなるべく減らすことが重要であるため、TinyGo に慣れてくるとよく使うオプションになります。

```
$ tinygo build -o /tmp/out.uf2 -target wioterminal -print-allocs . examples/blinky1
runtime\baremetal.go:42:14: object allocated on the heap: size is not constant
internal\task\task_stack.go:67:15: object allocated on the heap: size is not constant
internal\task\task_stack.go:101:12: object allocated on the heap: escapes at line 103
```

▽ -serial

標準入出力が指し示す先を指定します。-target で指定するターゲットごとに初期値が決まっていて、Wio Terminal の場合は usb となっています。usb 以外には uart および none を指定します。

▽ -tags

追加のビルドタグを指定します。特定のソースコードの動きを切り替える用途で使うことができます。

▽ -dumpssa

ビルド時に内部で使っているGo SSA表現をダンプします。基本的に使うことはありません。

▽ -printir

ビルド時に内部で使っているLLVM IR表現をダンプします。基本的に使うことはありません。

▽ -json

ビルド時の情報をJSON形式で出力します。ビルドは実施しません。TinyGoと連携するツールを作成する時に使用できます。

▼ tinygo flash

ビルドと書き込みを行います。このため、ビルドで指定したオプションは-oを除き指定可能です。書き込み方法は-targetオプションで指定したターゲットに対応する定義ファイルに定義してあります。Wio Terminalの場合は、flash-1200-bps-resetでブートローダーに遷移させてからMSD経由で書き込みを行います。

▽ -port

ほとんどの場合-port指定は不要ですが、複数のWio Terminalが接続されている場合など自動でポートを決定することができない場合に使用します。Windowsの場合はCOM3など、Linuxは/dev/ttyACM3など、macOSは/dev/tty.usbmodem2201などの名前で指定します。

▽ -programmer

デバッガー経由でtinygo flashを行うときに指定します。プログラムが暴走していても書き込むことができるため、デバッガーがあると非常に便利です。

Windowsの場合、シリアルに他のソフトが接続している状態ではflash-1200-bps-resetに失敗するため、ポートを閉じるまでは通常のtinygo flashに失敗します。デバッガー経由であればこの制限がなくなります。

-programmerに指定できる代表的なデバッガーは表の通りです。基本的には

OpenOCDで使用できるものを指定できます。例えば、OpenOCD環境にinterface/
cmsis-dap.cfgが存在する場合は、cmsis-dapを指定できます。
　OpenOCDを使う場合は別途インストールしておく必要があります。

デバッガーの指定

デバッガー	説明
openocd	OpenOCDを使用
cmsis-dap	OpenOCDをCMSIS-DAP経由で使用
jlink	OpenOCDをJ-Link経由で使用
picoprobe	OpenOCDをPicoprobe経由で使用 (主にRP2040向け)
stlink	OpenOCDをST-LINK経由で使用
stlink-v1	OpenOCDをST-LINK/V1経由で使用
stlink-v2	OpenOCDをST-LINK/V2経由で使用
bmp	BlackMagicを使用

▽ -ocd-output

OpenOCDのOCD daemonの出力を端末に表示するためのオプションです。主
にtinygo gdbと一緒に使用されます。例えば、tinygo gdbからsemihosting機能を
使う場合は必須となります。

▼ tinygo gdb

tinygo flashコマンドのflashの部分をgdbに置き替えると、デバッガーを起動で
きます。tinygo gdbではビルドした実行体が書き込まれた状態で立ち上がります。
デバッガーが必要であるため、-programmerオプションは必須となります。また、
デバッグしやすくするために多くの場合-opt=1をつけて実行します。
　内部でデバッガーを呼び出すため、gdb-multiarchもしくはarm-none-eabi-gdb
がPATHに存在する必要があります。デバッグについては、P.290も参照してくだ
さい。

▼ tinygo run

go runのようにビルドしてそのまま実行します。パソコンでのみ使用することが
できます。ほとんどのオプションはtinygo buildと同じです。

▼ tinygo clean

ビルド時のキャッシュを削除します。キャッシュを削除することですべてのソースコードが再ビルドされるようになります。キャッシュの場所はtinygoのコマンドで`tinygo env GOCACHE`を実行すると確認できます。

▼ tinygo env

`go env`と同じくtinygoで使う環境変数を表示します。Goとは異なり環境変数の読み出しのみをサポートしています。

▼ tinygo info

指定したターゲットの情報を表示します。ビルドタグを表示するために使用することが多いですが、通常の開発ではあまり使われません。

▽ **-json**

指定したターゲットの情報をJSONで表示します。`tinygo build -json`と同じく、TinyGoと連携するツールを作成する時に使用できます。

▼ tinygo targets

`tinygo build`時などに指定する`-target`で使用可能なターゲットの一覧を表示します。TinyGo 0.26時点で118のターゲットが存在しています。ただし、表示されたターゲットすべてがビルドできるわけではないので注意が必要です。

▼ tinygo version

TinyGoのVersionを表示します。リリース版を使っているときは、さほど重要ではありません。不具合などを見つけた場合、この情報を含めて報告をいただけると助かります。

```
$ tinygo version
tinygo version 0.26.0 windows/amd64 (using go version go1.19.2 and LLVM version 14.0.0)
```

各ペリフェラル
の使い方

本章では TinyGo でマイコンの GPIO や
UART といったペリフェラルをどのようにし
て使用するかを説明します。TinyGo では多
くの機能はターゲットごとに定義済みとなっ
ていて簡単に使うことができます。

01 ペリフェラルとは
Section

ペリフェラルとはマイコンに内蔵された機能のことです。

本章ではWio Terminalで使われているATSAMD51のペリフェラルについて、TinyGoでどのように設定し使用するかを説明します。また、TinyGoで実装されていないペリフェラルを使いたい場合などは直接レジスターを操作する必要がありますが、そのような場合でもできる限り参考になるように記載します。

TinyGoのサポート状況はマイコンによって異なりますが、ATSAMD51の主要な対応済みペリフェラルは以下の通りです。

主要なペリフェラル

ペリフェラル	機能
GPIO	High／Lowを出力もしくは入力する
USB CDC	USB経由でパソコンなどとデータ送受信を行う
UART	通信機能
ADC	電圧を読み取る
DAC	指定の電圧を出力する
PWM	一定時間ごとの処理、PWM処理など
I2C	通信機能
SPI	通信機能
USB HID	パソコンなどに対しキーボード、マウスとして振る舞う
USB MIDI	パソコンなどに対しMIDI音源、MIDI楽器として振る舞う
TRNG	真性乱数

ペリフェラルを使うときは、多くの場合最初に**Configure()**で設定を行います。GPIOを使用する場合は、以下のようにConfigure()を実行します。各ペリフェラルの詳細な使い方は次節以降で説明します。

```
// PA15ピンを出力として設定
machine.PA15.Configure(machine.PinConfig{Mode: machine.PinOutput})
```

　また、ペリフェラルの説明では、Wio Terminalの回路図もあわせて掲載いたします。誌面の都合上、モノクロで掲載しておりますが、実際の回路図は項目が色分けされています。回路図のPDFは公式ページからダウンロードすることができますので、ダウンロードした回路図のPDFと比較しながら、確認していただくことをお勧めいたします。

⌕ Wio Terminal回路図v1.2

```
https://files.seeedstudio.com/wiki/Wio-Terminal/res/Wio-Terminal-SCH-
v1.2.pdf
```

Wio Terminal回路図v1.2

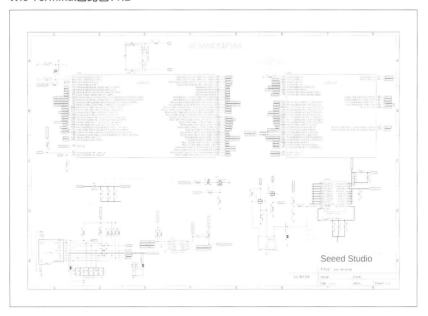

02 GPIO
Section

▼ GPIOとは

　GPIOはGeneral Purpose I/Oの略称で、マイコンのピンのHigh／Lowを出力も
しくは入力する機能です。ATSAMD51のデータシート上の名前はPortですが、こ
こではGPIOという名前で説明します。電源ピンなど一部のピンを除き、ほぼすべ
てのピンはGPIOとして利用できます。GPIO機能はこれまでに登場したソースコー
ドで既に使用しています。

　Wio TerminalのマイコンであるATSAMD51P19は、合計120ピンのうち大半を
GPIOとして使用可能です。GPIOの初期化を行うには、最初にどのピンを使うか
を決める必要があります。

🔍【TinyGo公式ドキュメント】tinygo.org > reference > wioterminal > type Pin
https://tinygo.org/docs/reference/microcontrollers/machine/
wioterminal/#type-pin

▼ GPIOを出力として使う

　本節では青色LEDの操作を行います。まずはWio Terminalの回路図を確認しま
しょう。青色LEDは以下の回路図の`Blue 90D`と書かれている部品となります。隣
の`VCC3V3_MCU_D`は3.3V電源を表していて、LEDの操作は`USER_LED`信号で行ってい
ることがわかります。

青色LEDはUSER_LED信号で操作する

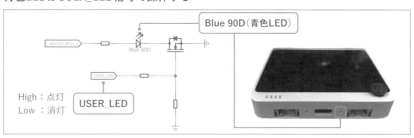

USER_LED信号はPA15ピンに接続されている

USER_LED信号はマイコンの**PA15**ピンにつながっていることがわかります。PA15
ピンは **machine/machine_atsamd51.go** で定義済みのため **machine.PA15** というラベル
で使用できます。

ピンが決まったので **Configure()** を使って初期化します。引数 config を用いて初
期化の内容を決めることができます。

$TINYGOROOT/src/machine/machine_atsamd51.go

```
// configによりGPIOピンを設定します
func (p Pin) Configure(config PinConfig)
```

以下は config の定義です。PinMode については後述します。

$TINYGOROOT/src/machine/machine.go

```
// PinModeは入出力の方向とプルアップ、プルダウンを設定します。
type PinMode uint8

// PinConfigはGPIOピンの設定情報です
type PinConfig struct {
    Mode PinMode
}
```

GPIO に対して設定可能な PinMode は、出力、入力、プルアップ付きの入力、プ
ルダウン付きの入力の4つです。プルアップは、回路上で未接続である場合に High
側に設定しておきたいときに使用します。逆に未接続時に Low 側に設定しておき
たい場合はプルダウンを使います。

$TINYGOROOT/src/machine/machine_atsamd51.go

```
const (
    PinInput         PinMode = 15
    PinInputPullup   PinMode = 16
    PinOutput        PinMode = 17
    PinInputPulldown PinMode = 18
)
```

青色LEDに対しては出力として使用するため、以下のようなソースコードとなります。PA15ではわかりにくいため、わかりやすい名前を付けておくとよいでしょう。ここではledという変数名にしました。

```
led := machine.PA15
led.Configure(machine.PinConfig{Mode: machine.PinOutput})
```

なお、TinyGoではmachine.PA15に対してmachine.LEDという別名も定義されているため、以下のような実装にできます。LEDのように名前が付けられている場合は、積極的に使うとよいでしょう。

```
led := machine.LED
led.Configure(machine.PinConfig{Mode: machine.PinOutput})
```

ここまでの設定でGPIOの出力として使用可能になります。High()、Low()、Toggle()、Set(high bool)などを使って操作します。

$TINYGOROOT/src/machine/machine.go

```
// ピンをHighにします
func (p Pin) High()

// ピンをLowにします
func (p Pin) Low()
```

$TINYGOROOT/src/machine/machine_atsamd51.go

```
// ピンを引数highがtrueのときはHighにします
func (p Pin) Set(high bool)

// ピンのHigh/Lowを反転します
func (p Pin) Toggle()
```

ここまでのソースコードをまとめてみましょう。以下を実行すると、LED消灯、1000ms待つ、LED点灯、100ms待つ、という動作を繰り返します。

```
package main

import (
    "machine"
    "time"
```

```go
)

func main() {
    led := machine.LED
    led.Configure(machine.PinConfig{Mode: machine.PinOutput})

    for {
        led.Low()  // LEDが消灯する
        time.Sleep(1000 * time.Millisecond)
        led.High() // LEDが点灯する
        time.Sleep(100 * time.Millisecond)
    }
}
```

> **Column** ピンをHighにしたからといってLEDが点灯するわけではない
>
> 　Wio Terminalの青色LEDの場合、PA15ピンをHighにするとLEDが点灯しました。回路によってはピンをLowにしたときにLEDが点灯する場合があります。以下はSeeed社のXIAOのLED部の回路です。PA17_W13信号をHighにするとLEDは消灯し、Lowにすると点灯します。このあたりは回路をよく見て設定する必要がありますが、趣味で動かしている分には実際に動かしてみて確認するのが簡単です。
>
> **PA17_W13信号をHighにするとLEDは消灯する**
>
>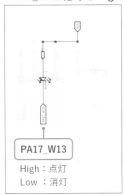
>
> PA17_W13
>
> High：点灯
> Low ：消灯

5

各ペリフェラルの使い方

　Wio Terminalには筐体前面に押し込み対応の十字キー、筐体上部に3つのボタンがあります。GPIOを入力として使うことで、ユーザーからの入力を受け取ってみます。出力側と同様にまずは回路図を確認します。

ボタンの位置

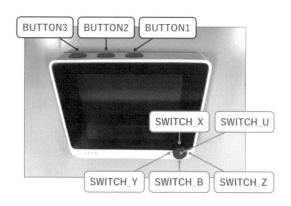

筐体上部のボタン

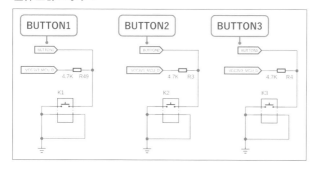

筐体上部のボタンに対応する信号

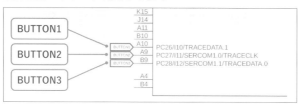

筐体前面の十字キー

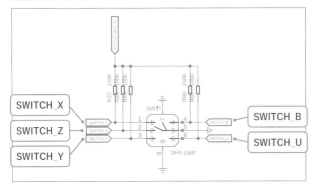

筐体前面の十字キーに対応する信号

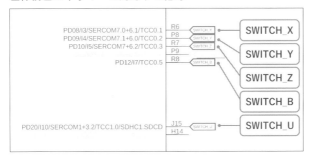

これらのボタン、十字キーはすべてプルアップされているので、ボタンを押していないときはHighとなります。次の表に、回路図とボタンの関係をまとめました。なお、回路図だけではBUTTON1がWio Terminalのどのボタンに対応するかはわかりません。公式ドキュメントをよく読めば書いてありますが、実際にWio Terminalを使って試してみるとすぐにわかります。

各ペリフェラルの使い方

5

入力端子一覧

回路図上の名称	TinyGoでの定義名	端子名	初期状態	押した状態
BUTTON1（右）	BUTTON_1	PC26	High	Low
BUTTON2（中）	BUTTON_2	PC27	High	Low
BUTTON3（左）	BUTTON_3	PC28	High	Low
SWITCH_X（上）	SWITCH_X	PD20	High	Low
SWITCH_Y（左）	SWITCH_Y	PD12	High	Low
SWITCH_Z（右）	SWITCH_Z	PD09	High	Low
SWITCH_B（下）	SWITCH_B	PD08	High	Low
SWITCH_U（押）	SWITCH_U	PD10	High	Low

　ピンの情報がわかったので、Configure()を使って初期化します。出力ポートに設定するときとほとんど同じソースコードです。今回は外付けのプルアップが設定されているため、PinModeはmachine.PinInputを選択しました。

```
button1 := machine.PC26
button1.Configure(machine.PinConfig{Mode: machine.PinInput})
```

　ここでも端子名を使用しましたが、TinyGoではBUTTON_1などの定義も存在するため、以下のように書くことができます。

```
button1 := machine.BUTTON_1
button1.Configure(machine.PinConfig{Mode: machine.PinInput})
```

　ここまでの設定でGPIOの入力として使用可能になります。入力した値を取得するにはGet()を使用します。Get()は、High状態のときはtrue、Low状態のときはfalseとなります。

$TINYGOROOT/src/machine/machine_atsamd51.go

```
// ピンの状態を読み取りHighのときはtrueを返す
func (p Pin) Get() bool
```

　例えば、次のように書くことで、BUTTON1を押すとLEDが消灯するソースコードになります。また、BUTTON1以外を押してもLEDは変化しないので、どのボタンがBUTTON1であるかも確認できます。BUTTON1は筐体前面から見て右側（中

央側）のボタンであることが確認できます。P.134 の表を参考に、他のピンも設定
してみてください。

```go
package main

import (
    "machine"
)

func main() {
    button1 := machine.BUTTON_1
    button1.Configure(machine.PinConfig{Mode: machine.PinInput})
    led := machine.LED
    led.Configure(machine.PinConfig{Mode: machine.PinOutput})

    for {
        // button1が押されたらledを消灯する
        led.Set(button1.Get())
    }
}
```

5

各ペリフェラルの使い方

▼ GPIOを入力して使う（割り込み）

　前述の GPIO を入力として設定する例は、シンプルなソースコードとしては問題
ないですが、入力の読み込み以外の処理が増えてくると問題が出てきます。ここで
は `time.Sleep(1 * time.Second)` を重い処理に見立てて、以下のようにソースコー
ドを変更してみます。

```go
package main

import (
    "machine"
    "time"
)

func main() {
    button1 := machine.BUTTON_1
    button1.Configure(machine.PinConfig{Mode: machine.PinInput})
    led := machine.LED
    led.Configure(machine.PinConfig{Mode: machine.PinOutput})

    for {
        // button1が押されたらledを消灯する
        led.Set(button1.Get())
```

```
        // 1 秒かかる重い処理を模擬する
        time.Sleep(1 * time.Second)
    }
}
```

　実際に動かしてみるとわかりますが、button1を押してすぐに離した場合にLED
が変化しません。button1を押した状態は**button1.Get()**の部分で処理されるため、
time.Sleep()中に発生した状態の変化は取得できません。これでは、ボタン入力
を処理するのが遅れたり、最悪ケースでは入力の変化を取りこぼしたりしてしまい
ます。
　このような問題に対応するため、マイコンの割り込み（interrupt）という機能を
使います。割り込みは何らかのトリガーが発生した際に、優先的に動かすことがで
きる機能です。割り込みを受け取るには、**SetInterrupt()**を使います。

$TINYGOROOT/src/machine/machine_atsamd51.go

```
// SetInterruptは入力ピンにピン状態変化割り込みを設定します
// changeにトリガーの条件を、callbackに割り込み発生時にコールする関数を設定します
func (p Pin) SetInterrupt(change PinChange, callback func(Pin)) error
```

　machine.PinChangeは以下で定義されています。**PinRising**を設定すると、Low
からHighに変化するときに割り込みが発生します。**PinFalling**はHighからLow
に変化するとき、**PinToggle**は両方の変化に対して割り込みが発生します。

$TINYGOROOT/src/machine/machine_atsamd51.go

```
// PinChangeは割り込みを発生させる条件を設定します
type PinChange uint8

const (
    PinRising  PinChange = sam.EIC_CONFIG_SENSE0_RISE
    PinFalling PinChange = sam.EIC_CONFIG_SENSE0_FALL
    PinToggle  PinChange = sam.EIC_CONFIG_SENSE0_BOTH
)
```

　入力割り込みはピンを入力に設定したあと、**SetInterrupt()**により設定します。
今回はLEDを操作したいので、**machine.PinToggle**を使ってボタンの状態変化すべ
てを割り込みのトリガーに設定します。

```
button1 := machine.BUTTON_1
button1.Configure(machine.PinConfig{Mode: machine.PinInput})
button1.SetInterrupt(machine.PinToggle, func(machine.Pin) {
    // button1が変化した時の処理を実装する
})
```

　ここまでの情報をふまえ、入力割り込みを含むソースコード全体を見てみましょう。for文の中でLEDを操作していないことに注目してください。`SetInterrupt()`のcallbackが割り込んで実行されていることがわかります。

```
package main

import (
    "machine"
    "time"
)

func main() {
    button1 := machine.PC26
    button1.Configure(machine.PinConfig{Mode: machine.PinInput})
    led := machine.LED
    led.Configure(machine.PinConfig{Mode: machine.PinOutput})

    button1.SetInterrupt(machine.PinToggle, func(machine.Pin) {
        // button1が変化したときにLEDを操作する
        led.Set(button1.Get())
    })

    for {
        // 1秒かかる重い処理を模擬
        time.Sleep(1 * time.Second)
    }
}
```

5

各ペリフェラルの使い方

Column goroutineと割り込み

　TinyGoではgoroutineを使うことができます。割り込みとgoroutineは似ているように見えますが、実行されるタイミングが大きく異なります。割り込みは優先度設定によりますが多くの場合、イベント発生時すぐに処理されます。goroutineはruntime.Gosched()やtime.Sleep()が呼ばれたときなど、特定のタイミングで切り替わります。うまく両者を使い分ける必要があります。

Column チャタリング

　ボタン入力を処理するとき、チャタリングに気を付ける必要があります。ボタンを押したり放したりした場合には、図の左のような波形を想像すると思います。しかし実際には、意図しない信号変化が存在する場合があります。これをチャタリングと呼びます。

スイッチ操作（Low → High）時の波形

理想的な波形　　　　　　　　　　　チャタリング時の波形

　例えば、ボタンを押した回数を数えるプログラムを作る場合、チャタリングによって意図とは異なるカウントになることがあります。そのため、作りたいものに適した対処を選ぶ必要があります。代表的な対処方法は以下の通りです。

・回路にフィルターを導入して、ハードウェアで抑制する
・繰り返しポート状態を調べ一定時間同じ値であればチャタリングが終わったと判断する

03 USB CDC
Section

▼ USB CDCとは

USB CDC は Universal Serial Bus Communication Device Class の略称で、USB 上でさまざまな通信サービスを実現するためのデバイス定義です。正確にはペリフェラルそのものではなく、USBペリフェラルの Device モードを使った機能です。大きな規模のデバイス定義ですが、ここでは USB 経由でシリアル通信を行うもの、と考えてください。TinyGo においては、パソコンとのデータ送受信に使用します。また、Wio Terminal をはじめとした Arduino 準拠のターゲットの多くは、`tinygo flash` 時にブートローダーに遷移させるきっかけとしても使っています。

▼ 使い方

USB CDC はマイコンの書き替えにも使用する機能のため、TinyGo のランタイムで初期化済みであり、ユーザーによる初期化は不要です。

Wio Terminal は USB CDC に対応していて、標準入出力は USB CDC を使うように設定されています。このため、Go で標準入出力 (os.Stdin および os.Stdout) を扱うのと同じ方法で USB CDC を扱えます。

```
// 出力の例
fmt.Printf("hello USBCDC\r\n") // USB CDCに出力される

// 入力の例
msg := ""
fmt.Scanf("%s\r\n", &msg)
```

bufio.Scanner なども使えるため、以下のようなソースコードでパソコンとのやり取りが可能です。冒頭の time.Sleep() は、USB CDC の接続が確立されるまでの時間を待つためにコールしています。

```
package main

import (
    "bufio"
    "fmt"
    "os"
    "time"
)

func main() {
    time.Sleep(2 * time.Second)
    fmt.Printf("hello tinygo\r\n")

    msg := ""
    fmt.Scanf("%s\r\n", &msg)
    fmt.Printf("msg : %q\r\n", msg)

    scanner := bufio.NewScanner(os.Stdin)
    for scanner.Scan() {
        fmt.Printf("You typed: %s\r\n", scanner.Text())
    }
}
```

　上記のソースコードを実際に動かすと以下のようになります。マイコンに送るテキストの設定は改行コードをCRLFとしてください。また、ローカルエコーを有効にしておくと、自身が入力した値を見ることができます。以下では、tinygoという文字を2回入力しました。

USB CDCの通信の様子

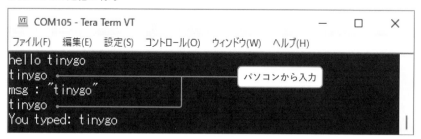

▽ Linux／macOS：minicomの設定方法

　ホームディレクトリに.minirc.dflというファイル名で以下のテキストを保存してください。マイコンにテキストを送るときは Enter キーのあとに Ctrl + J キーを押してください。macOSの場合は、Enter キーを return キーに読み替えてください。

```
~/.minirc.dfl
pu localecho        Yes
pu addlinefeed      Yes
pu addcarreturn     Yes
```

▽ Windows：Tera Termの設定方法

Tera Termのメニューから［設定］-［端末］を選択し、改行コードとローカルエコーを設定してください。

Tera Termの設定

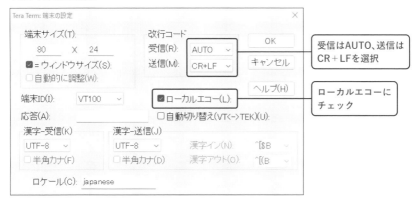

受信はAUTO、送信は
CR＋LFを選択

ローカルエコーに
チェック

▼ ブートローダーへの遷移とマイコン書き替え

Wio Terminalをはじめとした**Arduino**準拠のターゲットは多くの場合、USB CDCポートに対して**1200bpsで接続**することでブートローダーに遷移します。**tinygo flash**を実行するとまずは**tinygo build**と同じビルドが実行され、そのあとブートローダーに遷移させます。このあとターゲットにより分岐しますが、Wio Terminalの場合はMSD（マスストレージデバイス）として認識するのを待ちます。Wio Terminalの場合**Arduino**というボリューム名が見つかった場合、ビルドで生成したuf2ファイルをコピーするようになっています。このようにしてマイコンの書き替えが実現されています。

このあたりの設定はターゲットごとに**target/*.json**に記載されています。Wio Terminalの場合は次のファイルの設定に従いflash-1200-bps-resetを使ってブートローダーに遷移したあと、flash-methodに従いMSD経由でflashします。

```json
{
    "inherits": ["atsamd51p19a"],
    "build-tags": ["wioterminal"],
    "serial": "usb",
    "serial-port": ["acm:2886:002d", "acm:2886:802d"],
    "flash-1200-bps-reset": "true",
    "flash-method": "msd",
    "msd-volume-name": "Arduino",
    "msd-firmware-name": "firmware.uf2",
    "openocd-verify": true
}
```

▼ 標準入出力と標準エラー出力

TinyGoにおいても標準入力 os.Stdin、標準出力 os.Stdout、標準エラー os.Stderr が定義されています。これにより、特別な設定をしなくても以下のソースコードが動作します。実際の入出力には machine.Serial が使われます。Wio Terminal の machine.Serial は USB CDC を使う形で初期設定されています。

```go
// 標準出力および標準エラー出力
println("hello println")
fmt.Printf("hello %s\n", "fmt.Printf()")
fmt.Fprintf(os.Stderr, "hello %s\n", "fmt.Fprintf()")

// 標準入力
msg := ""
fmt.Scanf("%s\n", &msg)

scanner := bufio.NewScanner(os.Stdin)
for scanner.Scan() {
  line := scanner.Text()
}
```

▽ machine.Serial

machine.Serial はターゲットごとの標準入出力を決めるための変数です。ターゲットごとに複数存在するシリアル通信ポートのうち、どれを使うかを決めている変数でもあります。ビルド時の -serial オプションを使って出力先を切り替えることができます。

$TINYGOROOT/src/machine/serial-usb.go

```
//go:build baremetal && serial.usb
// +build baremetal,serial.usb

package machine

// Serial is implemented via USB (USB-CDC).
var Serial = USB
```

machine.Serialの初期設定は、targets/wioterminal.json内のserialというキーで定義されています。Wio Terminalの場合は、usbが指定されているためシリアル通信の初期値はUSB CDCが選択されています。serialというキーがuartとなっている場合は、シリアル通信の初期値はUARTとなります。UARTは複数搭載されているターゲットが多いため、machine.DefaultUARTであらかじめ標準のUARTが指定されています。Wio TerminalではUART1が標準のUARTに設定されています。

machine.Serialの設定は、tinygo flashやtinygo build時に、-serialオプションで変更することができます。

```
# machine.SerialをUSB CDCに設定する（targets/wioterminal.jsonの設定が読み込まれる）
$ tinygo flash --target wioterminal examples/serial
```

```
# machine.SerialをUSB CDCに設定する（targets/wioterminal.jsonの設定から変更なし）
$ tinygo flash --target wioterminal --serial usb examples/serial
```

```
# machine.SerialをUARTに設定する
$ tinygo flash --target wioterminal --serial uart examples/serial
```

5

各ペリフェラルの使い方

先ほどの例ではtime.Sleepを使ってUSB CDC接続完了を待つようにしていました。TinyGoのみで使うソースコードの場合は、machine.Serial.DTRを用いて接続完了を判定できます。ただし、machine packageに依存するためGoでは使えないことに注意が必要です。

```go
package main

import (
    "fmt"
    "machine"
    "time"
)

func main() {
    machine.LED.Configure(machine.PinConfig{Mode: machine.PinOutput})
    waitSerial()
    fmt.Printf("hello tinygo\r\n")
}

func waitSerial() {
    // 接続完了まで待つ
    for !machine.Serial.DTR() {
        time.Sleep(100 * time.Millisecond)
        machine.LED.Toggle()
    }
}
```

04 UART
Section

▼ UARTとは

　UARTはUniversal Asynchronous Receiver／Transmitterの略称で、非同期のシリアル通信です。1文字分のデータを送るごとにデータの開始信号（スタートビット）と終了信号（ストップビット）を追加してやり取りを行います。通信を行うデバイス間であらかじめ変復調の設定（ボーレートなど）を決めておく必要があります。

　ATSAMD51ではSERCOMと呼ばれるペリフェラルの中の一機能です。SERCOMでは、非同期通信であるUARTだけではなく、同期信号があるUSARTにも対応しています。ここではUARTについて記載します。

🔍【TinyGo公式ドキュメント】tinygo.org > reference > wioterminal > type Uart
https://tinygo.org/docs/reference/microcontrollers/machine/
wioterminal/#type-uart

▼ 使い方

　ここでは sercomUSART* を使用して通信します。SERCOMはATSAMD51P19では7つ搭載されていますが、UARTだけではなくI2CやSPIなどの別の用途にも使用されます。Wio Terminalの初期状態でUARTとして実装されているのは、回路図上でUARTを使う設定になっているUART1（SERCOM2）とUART2（SERCOM1）の2つです。UART1は背面端子のTXDとRXDを使うときの定義です。UART2はRTL8720DNとの通信を行うときの定義です。

$TINYGOROOT/src/machine/machine_atsamd51.go

```
sercomUSART0 = UART{Buffer: NewRingBuffer(), Bus: sam.SERCOM0_USART_INT, SERCOM: 0}
sercomUSART1 = UART{Buffer: NewRingBuffer(), Bus: sam.SERCOM1_USART_INT, SERCOM: 1}
sercomUSART2 = UART{Buffer: NewRingBuffer(), Bus: sam.SERCOM2_USART_INT, SERCOM: 2}
sercomUSART3 = UART{Buffer: NewRingBuffer(), Bus: sam.SERCOM3_USART_INT, SERCOM: 3}
sercomUSART4 = UART{Buffer: NewRingBuffer(), Bus: sam.SERCOM4_USART_INT, SERCOM: 4}
sercomUSART5 = UART{Buffer: NewRingBuffer(), Bus: sam.SERCOM5_USART_INT, SERCOM: 5}
```

各ペリフェラルの使い方　**5**

```
var (
    DefaultUART = UART1

    UART1 = &sercomUSART2

    // RTL8720D
    UART2 = &sercomUSART1
)
```

UART1の端子

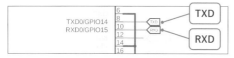

まずは **Configure()** を使って初期化します。引数configを用いて初期化の内容を決めることができます。

```
// configによりUARTを設定します
func (uart *UART) Configure(config UARTConfig) error
```

以下はconfigの定義です。

```
// ボーレートおよび送受信のピンを設定します
// 設定できる範囲などはターゲット固有の制限があります
// ボーレートは9600や115200などの値がよく使われます
type UARTConfig struct {
    BaudRate uint32
    TX       Pin
    RX       Pin
}
```

UART1で使用するピンは以下で定義済みです。

146

```
$TINYGOROOT/src/machine/board_wioterminal.go
```

```go
const (
    UART_TX_PIN = PIN_SERIAL1_TX
    UART_RX_PIN = PIN_SERIAL1_RX
)
```

UART1の設定例のソースコードです。以下の場合ボーレートは9600bpsです。

```go
uart := machine.UART1
uart.Configure(machine.UARTConfig{
    BaudRate: 9600,
    TX:        machine.UART_TX_PIN,
    RX:        machine.UART_RX_PIN,
})
```

上記のuartはio.ReadWriterであるため、書き込みを行うことでUART送信、読み込みを行うことでUART受信を実施できます。通信は相手がいないと成立しないので、今回はUART1のTXDに送信したデータをUART1のRXDで受信する形で説明します。以下のソースコードを試す場合は、TXDとRXDをジャンパー線などでつないでください。

UART1の端子をつなげる

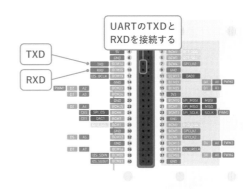

UARTのTXDと
RXDを接続する

TXD

RXD

```go
package main

import (
    "fmt"
    "machine"
    "time"
)
```

5

各ペリフェラルの使い方

```go
func main() {
    ser := machine.UART1
    ser.Configure(machine.UARTConfig{
        BaudRate: 9600,
        TX:        machine.UART_TX_PIN,
        RX:        machine.UART_RX_PIN,
    })

    time.Sleep(2 * time.Second) // USB CDC接続待ち

    // UARTに送信する
    fmt.Fprintf(ser, "message-to-uart\r\n")

    // UARTから受信する
    msg := ""
    fmt.Fscanf(ser, "%s\r\n", &msg)

    // USBCDCに送信する
    fmt.Printf("%s\r\n", msg)
}
```

出力結果

```
message-to-uart
```

05 ADC
Section

▼ ADCとは

　ADCはAnalog to Digital Converterの略称で、アナログ電圧をデジタル値に変換する機能です。ATSAMD51では8bit、10bit、12bitの変換分解能でAD変換を行えます。

　変換分解能について8bit ADCの場合で説明しましょう。ADCは基準電圧値というパラメータがあり、ハードウェア、ソフトウェアの設定で切り替えることができます。ここではTinyGoからWio Terminalを使うときの標準設定に従い、基準電圧値を3.3Vとします。AD変換により得られた値が255（8bitの最大値）の場合は、電圧は基準電圧値である3.3Vだとわかります。得られた値が0の場合は、電圧は0Vです。では、150が得られた場合はどうでしょうか？ **3.3V / 255 * 150** の式で求めることができ、約1.94Vだとわかります。

🔎【TinyGo公式ドキュメント】tinygo.org > reference > wioterminal > type ADC
https://tinygo.org/docs/reference/microcontrollers/machine/
wioterminal/#type-adc

AD変換のイメージ

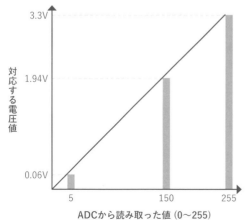

ADCから読み取った値（0〜255）

別の例として3bit ADCを考えてみます。3bitの最大値である7が得られるとき、入力した電圧値は3.3Vになります。3が得られた場合は約1.41V、4が得られた場合は約1.89Vです。デジタル値に変換する都合上、例えば1.5Vのような値は3か4に丸められることに注意が必要です。このときの誤差が問題ないように、変換分解能を設定する必要があります。

3bit ADCでのAD変換のイメージ

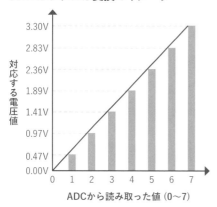

AD変換値	電圧値
7	3.30 V
6	2.83 V
5	2.36 V
4	1.89 V
3	1.41 V
2	0.94 V
1	0.47 V
0	0.00 V

Wio Terminalのマイコンである ATSAMD51P19 は、ADC0 と ADC1 の2つの ADC を持ちます。2つの ADC は合計23個のピンを測定することが可能で、測定したいピンに切り替えて AD 変換を行います。最大で1秒間に1,000,000回変換できます。

▼ 光センサーの出力をADCで読み込む

今回は Wio Terminal に内蔵されている光センサーを使って ADC を使ったソースコードを実装していきます。光センサーは回路図では SENSOR-PD15-22C/TR8 で記載されています。センサーの値は FPC_D13/A13 という信号から読み取ることが可能で、マイコンの PD01 に接続されています。

このセンサーは、明るいときには電圧が高く、暗くなると電圧が低くなる特性を持っています。具体的な光の強さはわかりませんが、明るいか暗いかは判断可能です。

光センサー FPC_D13/A13 → PD01

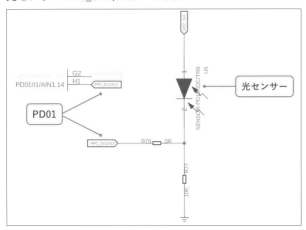

▼ ADCの使い方

　ADCを使うには、最初に `machine.InitADC()` を実行して初期化する必要があります。そのあとは、`machine.ADC` 型の変数を作成します。

```
machine.InitADC()
sensor := machine.ADC{Pin: machine.PD01}
```

　あとはGPIOと同じく `Configure()` を使って設定を行います。

$TINYGOROOT/src/machine/machine_atsamd51.go

```
// configによりADCピンを設定します
func (a ADC) Configure(config ADCConfig)
```

　configは以下の定義となっています。以下のReferenceはATSAMD51では設定しても無視され、INTVCC1が設定されます。この設定の場合、基準電圧はVDDANAという端子の電圧である3.3Vが設定されます。

$TINYGOROOT/src/machine/adc.go

```
// ADCConfigはADCの設定値です
type ADCConfig struct {
    Reference  uint32 // 基準電圧をmVで指定します
```

```
    Resolution uint32 // 変換分解能を設定します (e.g., 8, 10, 12)
    Samples    uint32 // サンプリング回数を設定します (e.g., 1, 2, 4, 8, 16, ...)
}
```

12bit ADC に設定する場合は以下のように記載します。

```
sensor.Configure(machine.ADCConfig{
    Resolution: 12,
})
```

これで ADC を使用する準備ができました。ADC 値は `Get()` で読み取ることができます。このとき、左詰めの 16bit で返されることに注意が必要です。例えば 12bit の ADC の最大値は 0xFFF ですが、左詰めにして返されるため 0xFFF0 となります。0x123 の場合は 0x1230 となります。これにより、変換分解能が異なる場合であっても比較することが可能です。

ここまでのソースコードをまとめてみましょう。実行すると、ある程度暗くなったときに LED が点灯します。

```
package main

import (
    "machine"
)

func main() {
    machine.InitADC()
    sensor := machine.ADC{Pin: machine.WIO_LIGHT}
    sensor.Configure(machine.ADCConfig{})

    led := machine.LED
    led.Configure(machine.PinConfig{Mode: machine.PinOutput})

    for {
        val := sensor.Get()
        // 暗いとき、AD値が0x8000より小さい(1.65V以下)ときにLEDを点灯する
        if val < 0x8000 {
            led.High()
        } else {
            led.Low()
        }
    }
}
```

06 DAC
Section

▼ DACとは

　DAC は Digital to Analog Converter の略称で、デジタル値をアナログ電圧に変換する機能です。ATSAMD51 では 12bit の変換分解能で DA 変換を行うことができます。

　ADC の逆の動きになるため、12bit 値を左詰めした最大値である 0xFFF0 をセットすると基準電圧と同じ約 3.3V を出力します。また 0x8000 をセットすると基準電圧の半分の約 1.65V を出力します。ATSAMD51 には DAC が 2 チャンネル搭載されています。

🔍【TinyGo 公式ドキュメント】tinygo.org > reference > wioterminal > type DAC
https://tinygo.org/docs/reference/microcontrollers/machine/
wioterminal/#type-dac

▼ DACの使い方

　DAC は専用のピンが設定されているため、ピン番号を選択することはできません。DAC0 は常に PA02 に、DAC1 は常に PA05 に出力されます。どちらも Wio Terminal の背面の端子に接続されています。

DACは専用のピン

DAC	ピン名	Wio Terminal での端子名
DAC0	PA02	BCM17
DAC1	PA05	BCM7

　DAC を使用するには、Configure を実行する必要があります。

```go
// configによりDACを設定します
func (dac DAC) Configure(config DACConfig)

// DACConfigはDACの設定値です
// TinyGo 0.26時点では設定可能な値はありません
type DACConfig struct {
}
```

ここまでの設定でDACとして使用可能になります。実際のアナログ値の出力は Set を使います。

```go
// SetはDACで出力する電圧に対応する値をセットします
// ATSAMD51は12-bit DACですが、左詰めの値で設定する必要があります
func (dac DAC) Set(value uint16) error
```

DAC を使用する例は以下の通りです。背面の BCM17 に約 3.3V、約 1.6V、約 0.8V を出力します。DAC1 を使う場合も同様に設定できます。

```go
package main

import (
    "machine"
    "time"
)

func main() {
    machine.DAC0.Configure(machine.DACConfig{})
    for {
        machine.DAC0.Set(0xFFF0) // 約3.3V
        time.Sleep(100 * time.Millisecond)
        machine.DAC0.Set(0x8000) // 約1.6V
        time.Sleep(100 * time.Millisecond)
        machine.DAC0.Set(0x4000) // 約0.8V
        time.Sleep(100 * time.Millisecond)
    }
}
```

07 PWM
Section

▼ PWMとは

　PWM は Pulse Width Modulation の略称です。High と Low からなるパルスの周期、周期内での High の比率を表すデューティ比を制御して信号を生成します。ハードウェアで PWM 制御を行う場合、出力が始まったあとは CPU からの操作は不要です。PWM は例えば LED の明るさの調整や、モーターの出力の調整、ブザーの音階の調整に使います。ATSAMD51 マイコンに対しては、TCC 機能を用いて PWM を実現しています。

🔎【TinyGo 公式ドキュメント】tinygo.org > reference > wioterminal > type TCC
https://tinygo.org/docs/reference/microcontrollers/machine/
wioterminal/#type-tcc

▼ ソフトウェアによるPWM制御

　まずはソフトウェアによる PWM で、Wio Terminal に搭載されているブザーを鳴らしてみましょう。ブザーは BUZZER_CTR という信号で操作できます。

ブザー周辺の回路

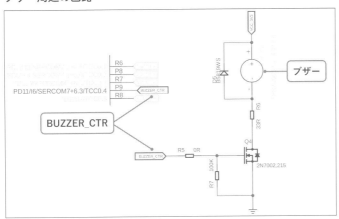

ソフトウェアによる制御は、LEDの制御と同じでHighとLowを切り替えて制御できます。ここでは`Toggle()`を用いて制御しました。以下の例を実行すると低い音が流れるはずです。約10msごとに反転しており、約50Hzの音が再生されています。

　なお、ソフトウェアで制御しているため、音程が変動しやすく荒い音になりやすいです。

```go
package main

import (
    "machine"
    "time"
)

func main() {
    bzr := machine.BUZZER_CTR
    bzr.Configure(machine.PinConfig{Mode: machine.PinOutput})
    for {
        bzr.Toggle()
        time.Sleep(time.Millisecond * 10)
    }
}
```

　上記の`time.Sleep()`を1ミリ秒に変更すると約500Hzの音になります。

```go
time.Sleep(time.Millisecond * 1)
```

▼ ハードウェアによるPWM制御

　ATSAMD51では、TCおよびTCCというペリフェラルを使ってPWM制御を実現できます。BUZZER_CTRという端子はTCC0のチャンネル4に接続されているため、今回はそれを使います。

BUZZER_CTR端子

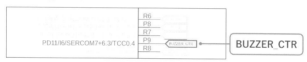

TinyGoのPWMは主に以下のインターフェースを持つ形で実装されています。
以下のインターフェースはブザーを鳴らすためのpackageに定義されています。

tinygo.org/x/drivers/tone/tone.go

```
// PWMはスピーカーを制御するためのインターフェースです
type PWM interface {
    Configure(config machine.PWMConfig) error
    Channel(pin machine.Pin) (channel uint8, err error)
    Top() uint32
    Set(channel uint8, value uint32)
    SetPeriod(period uint64) error
}
```

以下は、Wio Terminal の ATSAMD51 の実装です。

```
// TCCを初期化します
func (tcc *TCC) Configure(config PWMConfig) error

// 与えられたピンに対応するTCCのチャンネルを返します
func (tcc *TCC) Channel(pin Pin) (uint8, error)

// TCCで使用するカウンタの最大値を返します
// これを用いてデューティ比を求めることができます
func (tcc *TCC) Top() uint32

// デューティ比を設定します
// 典型的には以下のように設定します
//     tcc.Set(channel, tcc.Top() / 4)
// tcc.Set(channel, 0)は出力をLowに固定します
// tcc.Set(channel, tcc.Top())は出力をHighに固定します
func (tcc *TCC) Set(channel uint8, value uint32)

// PWMのHighとLowからなる周期を設定します
// 周期は典型的には以下から計算することができます
//     period = 1e9 / frequency
func (tcc *TCC) SetPeriod(period uint64) error
```

PWM制御の最もシンプルな実装例は次の通りです。TCCを使ったハードウェア
PWMで440Hzのラ（A4）の音を鳴らします。先ほどのソフトウェア制御とは異な
り、かなりきれいな音が鳴ると思います。また、**pwm.Set()**を実行しただけで音が
鳴り続けています。

各ペリフェラルの使い方 5

```
package main

import (
    "machine"
)

func main() {
    pwm := machine.TCC0
    pwm.Configure(machine.PWMConfig{})
    channelA, _ := pwm.Channel(machine.BUZZER_CTR)
    pwm.SetPeriod(uint64(1e9) / 440) // ラ(A4)の音
    pwm.Set(channelA, pwm.Top()/2)
    select {}
}
```

　音階と周波数の関係は検索すれば調べることができますが、一部を表にまとめます。なお、以下の表は440HzをA4とする周波数の例です。他の例として、440HzをA5としているものもあるので適宜読み替えてください。

音階と周波数

音名	表記	周波数
ド	C4	261.626 Hz
レ	D4	293.665 Hz
ミ	E4	329.628 Hz
ファ	F4	349.228 Hz
ソ	G4	391.995 Hz
ラ	A4	440.000 Hz
シ	B4	493.883 Hz

　以下の例では、ラ（A4）からソ（G5）までの音を変化させています。このソースコードを応用すると、いろいろな単音のメロディーを再生できます。

```
package main

import (
    "machine"
    "time"
)

func main() {
```

```
pwm := machine.TCC0
pwm.Configure(machine.PWMConfig{})
channelA, _ := pwm.Channel(machine.BUZZER_CTR)

notes := []uint64{440, 494, 523, 587, 659, 698, 783}
i := 0
for {
    pwm.SetPeriod(1e9 / notes[i])
    pwm.Set(channelA, pwm.Top()/2)
    time.Sleep(100 * time.Millisecond)
    pwm.Set(channelA, 0)
    i = (i + 1) % len(notes)
}
}
```

　ハードウェアPWMを用いたドライバーはtinygo.org/x/drivers/toneにあります。上記とほぼ同等のソースコードは以下になります。なお、drivers/toneの音階は上記に対して1オクターブずれていることに注意が必要です。

```
package main

import (
    "machine"
    "time"

    "tinygo.org/x/drivers/tone"
)

func main() {
    speaker, _ := tone.New(machine.TCC0, machine.BUZZER_CTR)
    notes := []tone.Note{tone.A5, tone.B5, tone.C6, tone.D6, tone.E6, tone.F6, tone.G6}
    i := 0
    for {
        speaker.SetNote(notes[i])
        time.Sleep(100 * time.Millisecond)
        i = (i + 1) % len(notes)
    }
}
```

5

各ペリフェラルの使い方

08 I2C
Section

▼ I2Cとは

I2C は Inter-Integrated Circuit の略称で、ATSAMD51 では SERCOM と呼ばれる
ペリフェラルの中の一機能です。IIC と記載される場合もあります。TinyGo 0.26 時
点ではコントローラー側のみに対応しています。

I2C はシリアルデータ（SDA）とシリアルクロック（SCL）の2本の信号線でデー
タやり取りを行うシリアル通信です。I2C は1つ以上のコントローラー側と1つ以
上のペリフェラル側で通信を行います。多くの場合、100kbps の standard mode
もしくは400kbps の fast mode が使われます。

🔎【TinyGo 公式ドキュメント】`tinygo.org > reference > wioterminal > type I2C`
`https://tinygo.org/docs/reference/microcontrollers/machine/`
`wioterminal/#type-i2c`

▼ 使い方

以下の `sercomI2CM*` を使用して通信します。SERCOM は I2C だけではなく UART
や SPI としても使用可能ですが、`sercomI2CM*` は I2C のための定義となります。Wio
Terminal の初期状態で I2C として実装されているのは、回路図上で I2C を使う設定
になっている I2C0（SERCOM4）と I2C1（SERCOM3）の2つです。I2C0 は背面端子
の I2C0_SCL と I2C0_SDA を使う場合、I2C1 は背面端子の I2C1_SCL と I2C1_SDA
を使う場合の定義です。I2C1 は GROVE 端子にもつながっているため、GROVE に
対応した I2C の外部機器を操作する場合にも使うことができます。

> $TINYGOROOT/src/machine/machine_atsamd51p19.go

```
sercomI2CM0 = &I2C{Bus: sam.SERCOM0_I2CM, SERCOM: 0}
sercomI2CM1 = &I2C{Bus: sam.SERCOM1_I2CM, SERCOM: 1}
sercomI2CM2 = &I2C{Bus: sam.SERCOM2_I2CM, SERCOM: 2}
sercomI2CM3 = &I2C{Bus: sam.SERCOM3_I2CM, SERCOM: 3}
sercomI2CM4 = &I2C{Bus: sam.SERCOM4_I2CM, SERCOM: 4}
```

```
sercomI2CM5 = &I2C{Bus: sam.SERCOM5_I2CM, SERCOM: 5}
sercomI2CM6 = &I2C{Bus: sam.SERCOM6_I2CM, SERCOM: 6}
sercomI2CM7 = &I2C{Bus: sam.SERCOM7_I2CM, SERCOM: 7}
```

$TINYGOROOT/src/machine/board_wioterminal.go

```
var (
    I2C0 = sercomI2CM4
    I2C1 = sercomI2CM3
)
```

以下のように定義して使うことができます。

```
i2c := machine.I2C0
i2c.Configure(machine.I2CConfig{
    SCL: machine.SCL0_PIN,
    SDA: machine.SDA0_PIN,
})
```

```
i2c := machine.I2C1
i2c.Configure(machine.I2CConfig{
    SCL: machine.SCL1_PIN,
    SDA: machine.SDA1_PIN,
})
```

I2C も他のペリフェラルと同様に Configure() を実行してから使用します。

$TINYGOROOT/src/machine/machine_atsamd51.go

```
// configによりI2Cを設定します
func (i2c *I2C) Configure(config I2CConfig) error
```

Configure の引数で使用する I2CConfig は以下のように定義されています。Frequency の指定には、TWI_FREQ_100KHZ や TWI_FREQ_400KHZ を使います。

$TINYGOROOT/src/machine/machine_atsamd51.go

```
// FrequencyやI2Cで使用するピンを設定します
// 設定できる範囲などはターゲット固有の制限があります
// Frequencyは多くの場合100kbpsもしくは400kbpsが使われます
type I2CConfig struct {
    Frequency uint32
    SCL       Pin
```

```
        SDA        Pin
}
```

```
const (
    TWI_FREQ_100KHZ = 100000
    TWI_FREQ_400KHZ = 400000
)
```

　初期化が終わったあと、以下のいずれかを用いて通信を行います。7ビットアドレスのみに対応しています。

```
// dataで与えられる1バイトをI2Cバスに送信します
func (i2c *I2C) WriteByte(data byte) error

// 指定したアドレスaddrを用いてI2Cトランザクション（送受信）を行います
// wの長さが0より大きい場合は送信が実施されます
// rの長さが0より大きい場合は受信が実施されます
func (i2c *I2C) Tx(addr uint16, w, r []byte) error
```

```
// アドレスaddressのレジスターregisterにdataを送信します
func (i2c *I2C) WriteRegister(address uint8, register uint8, data []byte) error

// アドレスaddressのレジスターregisterからdataの長さの分だけ受信します
func (i2c *I2C) ReadRegister(address uint8, register uint8, data []byte) error
```

▼ 実際の使用例

　ここでは、Wio Terminalに内蔵されている加速度センサーLIS3DHを制御してみます。LIS3DHはI2C0に接続されています。Wio Terminalに内蔵されているLIS3DHのI2Cアドレスは0x18です。

　LIS3DHに対してはtinygo.org/x/driversに専用のドライバーがありますが、ここではドライバーを使わずにI2C通信を実装します。他のI2Cデバイスと通信をしたい場合も同じように実装するとよいでしょう。

加速度センサーLIS3DHの回路図

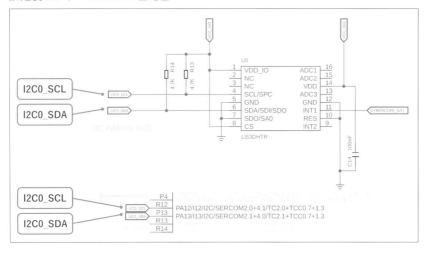

　LIS3DHのデータシートとアプリケーションノートは以下にあります。どのような機能があるかなどの詳細が書かれているので、適宜参照してください。

🔎 LIS3DHドキュメント

https://www.st.com/ja/mems-and-sensors/lis3dh.html#documentation

- **DS6839：データシート**
- **AN3308：アプリケーションノート**

▽ WHO_AM_Iレジスターから読み込む

　まずはWHO_AM_IレジスターからデバイスIDを読み出してみます。WHO_AM_Iレジスターは、Device identification resisterであり、デバイスIDが保存されています。電源投入後、いつでも読み出すことができます。アドレスは0x0F、サイズは1バイトで、読み出すと0x33という値を読み出すことができます。

WHO_AM_I(0Fh)

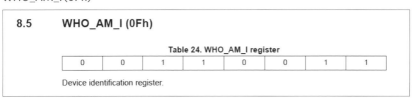

8.5　　　WHO_AM_I (0Fh)

Table 24. WHO_AM_I register

0	0	1	1	0	0	1	1

Device identification register.

レジスターから読み出すには前述のReadRegister関数を使用します。以下の例では、1バイト分のスライスを用意したため、1バイトだけ読み出すことができます。動かしてみると、期待通り0x33という値を読み出すことができました。

```go
package main

import (
    "fmt"
    "machine"
    "time"
)

func main() {
    i2c := machine.I2C0
    i2c.Configure(machine.I2CConfig{
        SCL: machine.SCL0_PIN,
        SDA: machine.SDA0_PIN,
    })

    time.Sleep(2 * time.Second) // USB CDC接続待ち

    // 読み出し用のスライスを用意して読み込む
    data := []byte{0}
    err := i2c.ReadRegister(0x18, 0x0F, data)
    if err != nil {
        // エラー処理を行う
    }

    fmt.Printf("Who am I : 0x%02X\r\n", data[0])
    select {}
}
```

▽ LIS3DHの初期化

先ほどのWHO_AM_Iレジスターは初期化しなくても読み出すことができました。しかし、LIS3DHから加速度を読み出すためには初期化の実施が必要です。最低限以下のCTRL_REG1を設定する必要があります。

CTRL_REG1（20h）

> **8.8   CTRL_REG1 (20h)**
>
> **Table 29. CTRL_REG1 register**
>
> | ODR3 | ODR2 | ODR1 | ODR0 | LPen | Zen | Yen | Xen |
> |------|------|------|------|------|-----|-----|-----|
>
> **Table 30. CTRL_REG1 description**
>
> | ODR[3:0] | Data rate selection. Default value: 0000
(0000: power-down mode; others: Refer to *Table 31: Data rate configuration*) |
> |---|---|
> | LPen | Low-power mode enable. Default value: 0
(0: high-resolution mode / normal mode, 1: low-power mode)
(Refer to section *Section 3.2.1: High-resolution, normal mode, low-power mode*) |
> | Zen | Z-axis enable. Default value: 1
(0: Z-axis disabled; 1: Z-axis enabled) |
> | Yen | Y-axis enable. Default value: 1
(0: Y-axis disabled; 1: Y-axis enabled) |
> | Xen | X-axis enable. Default value: 1
(0: X-axis disabled; 1: X-axis enabled) |
>
> **ODR[3:0]** is used to set the power mode and ODR selection. The following table indicates the frequency of each combination of ODR[3:0].

　CTRL_REG1では、データのサンプリングタイミングとXYZ軸のどれを有効にするかを設定する必要があります。ここでは、ZenとYenとXenを1にしてXYZの3軸すべてを有効にし、ODRを0x5に設定して100Hzでサンプリングするようにします。レジスターへの値の書き込みにはWriteRegisterを使用します。

```
// I2Cのアドレス0x18、レジスターアドレス0x20に1バイト書き込む
i2c.WriteRegister(0x18, 0x20, []byte{0x57})
```

▽ XYZ軸の加速度を取得する
　LIS3DHの初期化後は、OUT_X_L〜OUT_Z_Hを読み出すことによりXYZ軸それぞれの加速度を取得できます。

OUT_X_L（28h）〜 OUT_Z_H（2Dh）

> **8.16   OUT_X_L (28h), OUT_X_H (29h)**
>
> X-axis acceleration data. The value is expressed as two's complement left-justified.
> Please refer to *Section 3.2.1: High-resolution, normal mode, low-power mode*.
>
> **8.17   OUT_Y_L (2Ah), OUT_Y_H (2Bh)**
>
> Y-axis acceleration data. The value is expressed as two's complement left-justified.
> Please refer to *Section 3.2.1: High-resolution, normal mode, low-power mode*.
>
> **8.18   OUT_Z_L (2Ch), OUT_Z_H (2Dh)**
>
> Z-axis acceleration data. The value is expressed as two's complement left-justified.
> Please refer to *Section 3.2.1: High-resolution, normal mode, low-power mode*.

　1バイトごとに読み出す場合は以下のように実装します。

```
data := []byte{0, 0, 0, 0, 0, 0}
// I2Cのアドレス0x18、レジスターアドレス0x28から1バイト読み込む（以降も同様）
i2c.ReadRegister(0x18, 0x28, data[0:1])
i2c.ReadRegister(0x18, 0x29, data[1:2])
i2c.ReadRegister(0x18, 0x2A, data[2:3])
i2c.ReadRegister(0x18, 0x2B, data[3:4])
i2c.ReadRegister(0x18, 0x2C, data[4:5])
i2c.ReadRegister(0x18, 0x2D, data[5:6])
```

　6バイトを1回の処理で取り出す場合、LIS3DHはレジスターアドレスの最上位ビットを1にする必要があります。詳細はデータシートの25ページに記載されています。

```
data := []byte{0, 0, 0, 0, 0, 0}
// I2Cのアドレス0x18、レジスターアドレス0x28から6バイト読み込む
// 2バイト以上連続で読み出すときはレジスターアドレスの最上位ビットを1にする必要があり
// 0x28に対して最上位ビットを1とした0x28|0x80=0xA8を使用する
i2c.ReadRegister(0x18, 0x28|0x80, data)
```

　データを読み出したあとは結合する必要があります。まずはXYZ軸それぞれ2バイトデータに結合します。そして、アプリケーションノートに従い単位を変換していきます。0x4000のときに1gの値となるため、最終的に0x4000で割ることで単位を変換できます。

Example of acceleration data

Table 9: Output data registers content vs. acceleration (FS = ±2 g, high-resolution mode)

Acceleration values	BLE = 0		BLE = 1	
	Register address			
	28h	29h	28h	29h
0 g	00h	00h	00h	00h
350 mg	E0h	15h	15h	E0h
1 g	00h	40h	40h	00h
-350 mg	20h	EAh	EAh	20h
-1 g	00h	C0h	C0h	00h

　これらの情報を用いて実装してみましょう。

```go
package main

import (
    "fmt"
    "machine"
    "time"
)

func main() {
    i2c := machine.I2C0
    i2c.Configure(machine.I2CConfig{
        SCL: machine.SCL0_PIN,
        SDA: machine.SDA0_PIN,
    })

    // 初期化
    i2c.WriteRegister(0x18, 0x20, []byte{0x57})
    data := []byte{0, 0, 0, 0, 0, 0}
    for {
        // XYZ軸の重力加速度を読み出し
        i2c.ReadRegister(0x18, 0x28|0x80, data)

        x := readAcceleration(data[0], data[1])
        y := readAcceleration(data[2], data[3])
        z := readAcceleration(data[4], data[5])
        fmt.Printf("X:%6.2f Y:%6.2f Z:%6.2f\r\n", x, y, z)

        time.Sleep(100 * time.Millisecond)
    }
}

func readAcceleration(l, h byte) float32 {
    // uint8の値を組み合わせてuint16型の変数を作成
    a := uint16(l) | uint16(h)<<8
    // 0x4000 == 1gのため、0x4000で割る
    return float32(int16(a)) / 0x4000
}
```

　以下はWio Terminalを水平な場所に置いてシリアル通信で出力した結果です。Wio Terminalを動かすことにより、X軸やY軸の値も変化することが確認できます。

実行結果
```
X:  0.04 Y:  0.00 Z: -1.00
X:  0.05 Y:  0.00 Z: -1.00
X:  0.04 Y: -0.01 Z: -1.00
X:  0.05 Y: -0.01 Z: -1.00
```

```
X:  0.04 Y:  0.01 Z: -0.99
X:  0.03 Y: -0.01 Z: -0.98
X:  0.04 Y:  0.00 Z: -0.99
X:  0.04 Y:  0.00 Z: -0.99
```

▽ **tinygo.org/x/drivers/lis3dh を用いた実装**

　今までのソースコードとほとんど変わりませんが、tinygo.org/x/drivers/lis3dh
を用いた実装は以下の通りです。SetRange関数などにより、より直感的に設定を
行うことができます。ドライバー実装が存在する場合は積極的に使っていくとよい
です。

```go
package main

import (
    "fmt"
    "machine"
    "time"

    "tinygo.org/x/drivers/lis3dh"
)

func main() {
    i2c := machine.I2C0
    i2c.Configure(machine.I2CConfig{
        SCL: machine.SCL0_PIN,
        SDA: machine.SDA0_PIN,
    })

    // 初期化
    accel := lis3dh.New(i2c)
    accel.Address = lis3dh.Address0 // address on the Wio Terminal
    accel.Configure()
    accel.SetRange(lis3dh.RANGE_2_G)

    for {
        // XYZ軸の重力加速度を読み出し
        x, y, z, _ := accel.ReadAcceleration()
        fmt.Printf("X:%10d Y:%10d Z:%10d\r\n", x, y, z)

        time.Sleep(100 * time.Millisecond)
    }
}
```

09 SPI
Section

▼ SPIとは

SPI は Serial Peripheral Interface の略称です。ATSAMD51 では SERCOM と呼ばれるペリフェラルの中の一機能で、TinyGo 0.26時点ではマスター側のみに対応しています。

SPI は SDO（シリアルデータアウト、送信側）と SDI（シリアルデータイン、受信側）と SCK（シリアルクロック）の3本の信号線でデータやり取りを行うシリアル通信です。SDO もしくは SDI は用途に合わせて片方のみが使われる場合があります。これら以外に、チップセレクト（CS）と呼ばれる信号を含めた4本の信号線で通信する場合もあります。

🔍【TinyGo公式ドキュメント】tinygo.org > reference > wioterminal > type SPI
https://tinygo.org/docs/reference/microcontrollers/machine/
wioterminal/#type-spi

▼ 使い方

sercomSPIM* を使用して通信します。SERCOM は SPI だけではなく UART や I2C としても使用可能ですが、sercomSPIM* は SPI のための定義となります。Wio Terminal の初期状態で SPI として実装されているのは、回路図上で SPI を使う設定になっている SPI0（SERCOM5）、SPI1（SERCOM0）、SPI2（SERCOM6）、SPI3（SERCOM7）の4つです。

$TINYGOROOT/src/machine/machine_atsamd51p19.go

```
sercomSPIM0 = SPI{Bus: sam.SERCOM0_SPIM, SERCOM: 0}
sercomSPIM1 = SPI{Bus: sam.SERCOM1_SPIM, SERCOM: 1}
sercomSPIM2 = SPI{Bus: sam.SERCOM2_SPIM, SERCOM: 2}
sercomSPIM3 = SPI{Bus: sam.SERCOM3_SPIM, SERCOM: 3}
sercomSPIM4 = SPI{Bus: sam.SERCOM4_SPIM, SERCOM: 4}
sercomSPIM5 = SPI{Bus: sam.SERCOM5_SPIM, SERCOM: 5}
```

```
sercomSPIM6 = SPI{Bus: sam.SERCOM6_SPIM, SERCOM: 6}
sercomSPIM7 = SPI{Bus: sam.SERCOM7_SPIM, SERCOM: 7}
```

$TINYGOROOT/src/machine/board_wioterminal.go

```
var (
    SPI0 = sercomSPIM5
    SPI1 = sercomSPIM0 // network (RTL8720D)
    SPI2 = sercomSPIM6 // microSD card
    SPI3 = sercomSPIM7 // display (ILI9341)
)
```

SPI0 は背面端子の MOSI、MISO、SCLK、SPI_CS を使って通信できます。TinyGo では MOSI や MISO といった名前とは別の信号名となっているので注意してください。

```
SPI0_SCK_PIN = SCK  // SCK: SERCOM5/PAD[1] (SCLK)
SPI0_SDO_PIN = SDO  // SDO: SERCOM5/PAD[0] (MOSI)
SPI0_SDI_PIN = SDI  // SDI: SERCOM5/PAD[2] (MISO)
PIN_SPI_SS   = PB01 // SS (CS)
```

以下のように定義して使うことができます。例えば SDI ピンを使用しない場合は machine.NoPin を使用することができます。

```
spi := machine.SPI0
spi.Configure(machine.SPIConfig{
    SCK:       machine.SPI0_SCK_PIN,
    SDO:       machine.SPI0_SDO_PIN,
    SDI:       machine.SPI0_SDI_PIN,
    Frequency: 4 * 1e6, // 4MHz (4,000,000Hz)
})
```

SPI も他のペリフェラルと同様に Configure を実行してから使用します。

$TINYGOROOT/src/machine/machine_atsamd51.go

```
// configによりSPIを設定します
func (spi SPI) Configure(config SPIConfig) error
```

Configure の引数で使用する SPIConfig は以下のように定義されています。

$TINYGOROOT/src/machine/machine_atsamd51.go

```
// SPIConfigはSPIの設定値です
```

```
type SPIConfig struct {
    Frequency uint32
    SCK       Pin
    SDO       Pin
    SDI       Pin
    LSBFirst  bool
    Mode      uint8
}
```

　ATSAMD51使用時にFrequencyとして設定できる代表的な値は以下の通りです。
設定可能な値はマイコンごとに異なります。また、通信相手の仕様によっても設定
可能なFrequencyが変わってきます。詳しくはデータシートなどを参照してくださ
い。

```
60 * 1e6 // 60MHz
30 * 1e6 // 30MHz
24 * 1e6 // 24MHz
12 * 1e6 // 12MHz
 8 * 1e6 //  8MHz
 6 * 1e6 //  6MHz
 4 * 1e6 //  4MHz
```

　LSBFirstはtrueを設定すると、最下位ビットから送信するようになります。基
本的にはfalseのままでよいですが、通信相手の仕様によりtrueにする必要があり
ます。詳しくはデータシートなどを参照してください。

　ModeはSPIの動作モードの設定値で0から3の値が設定できます。この値はデー
タのサンプリングタイミングや極性を選択するためのものですが、多くの場合は0
のままでかまいません。通信相手の仕様により0以外の値を使うこともあります。

　初期化が終わったあとは以下のいずれかを用いて通信を行います。

$TINYGOROOT/src/machine/machine_atsamd51.go

```
// 引数で指定した1バイトを送信し、その際に受信した1バイトを戻り値で返します
func (spi SPI) Transfer(w byte) (byte, error)

// バイトスライスを入力として送受信、送信、受信のいずれかを行います
// 送受信を行う場合は以下のように両方の引数に同じ長さのスライスを設定します
//       spi.Tx(tx, rx)
// 送信のみを行う場合は、rにはnilを設定します
//       spi.Tx(tx, nil)
// 受信のみを行う場合は、wにはnilを設定します
//       spi.Tx(nil, rx)
func (spi SPI) Tx(w, r []byte) error
```

SPIの信号名

　以前はSPIでSCKを操作する側のデバイスをマスター、操作しない側のデバイスをスレーブと呼んでいました。しかし最近ではマスター、スレーブという単語はよくないということで別名に変更する動きがあります。とはいえマスター、スレーブなどの名称で書かれたドキュメントもまだまだ存在しているため、混乱しないためにも古い名称も把握しておく必要があります。SPIの信号名については長らくMOSI（マスターアウトスレーブイン、送信側）とMISO（マスターインスレーブアウト、受信側）と呼んでいました。代表的な用語の対応は以下の通りです。

SPIの用語

名称	別名
コントローラー	マスター、マイクロコントローラー
ペリフェラル	スレーブ、センサー
SDO	MOSI（マスターアウトスレーブイン）
SDI	MISO（マスターインスレーブアウト）
SCK	-
CS	SS（スレーブセレクト）

　Adafruit社など、MOSIをMicrocontroller Out Sensor Inの略としてMOSIという呼び方を継続している会社もあります。このため、MOSIという表記が必ずしもよくないわけではないことに注意が必要です。

▼ 実際の使用例

　ここでは、Wio Terminalに内蔵されているディスプレイコントローラーのILI9341
と通信してみます。ILI9341はSPI3に接続されています。

　ILI9341に対してはtinygo.org/x/driversに専用のドライバーがありますが、ここ
ではドライバーを使わずにSPI通信を実装します。他のSPIデバイスと通信したい
場合も同じように実装するとよいでしょう。

ディスプレイコントローラーILI9341の回路図（ILI9341周辺）

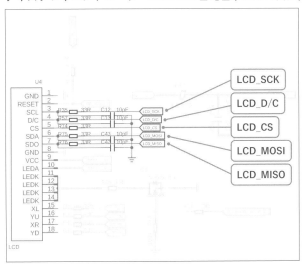

ディスプレイコントローラーILI9341の回路図（ATSAMD51周辺）

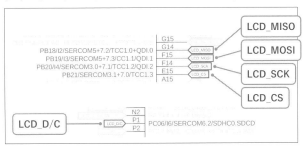

▽ ILI9341との通信

ILI9341との通信は、SPIだけでは成立しません。少なくともCSピンとD/Cピンを制御しながらSPI通信する必要があります。順番に説明します。

CSピンはChip Selectピンであり、ILI9341のCSピンがLowのときはILI9341への通信をしているという意味になります。Wio Terminalの場合はSPI3がILI9341専用となっているためCSピンは常にLowでも問題ありません。他のデバイスが存在する場合は、通信相手を選択するためにCSピンを操作する必要があります。

D/CピンはData or Commandの略で、SPI通信がデータなのかコマンドなのかを設定します。具体的にはLowのときにはコマンドを、Highのときにはデータを表します。基本的にコマンド、データの順に送信するため、最初にD/CをLowにしてSPI送信、そのあとHighにしてSPI送信もしくはSPI受信を行うという流れになります。

D/Cピンの動き

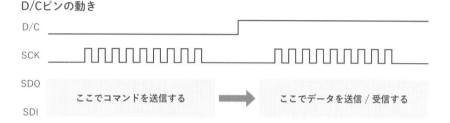

まずは操作対象のコマンドおよびデータの情報を調べます。ILI9341のデータシートはILI9341 DataSheetなどのキーワードで検索して入手してください。

ここでは、Read Display MADCTL (0Bh) と Memory Access Control (36h) を使用し、最初にRead Display MADCTLで読み出し、Memory Access Controlで書き込み、Read Display MADCTLで読み出し、という順に通信します。最後の読み出しにより、値が正しく書き込みできたことを確認します。書き込んだMYの値を、D7の値として読み出すことができます。下位2bitは書き込みできないため、D1とD0は常に0が読み出されます。

操作コマンド

8.2.6. Read Display MADCTL (0Bh)

0Bh	RDDMADCTL (Read Display MADCTL)												
	D/CX	RDX	WRX	D17-8	D7	D6	D5	D4	D3	D2	D1	D0	HEX
Command	0	1	↑	XX	0	0	0	0	1	0	1	1	0Bh
1st Parameter	1	↑	1	XX	X	X	X	X	X	X	X	X	X
2nd Parameter	1	↑	1	XX	D7	D6	D5	D4	D3	D2	D1	D0	00

8.2.29. Memory Access Control (36h)

36h	MADCTL (Memory Access Control)												
	D/CX	RDX	WRX	D17-8	D7	D6	D5	D4	D3	D2	D1	D0	HEX
Command	0	1	↑	XX	0	0	1	1	0	1	1	0	36h
Parameter	1	1	↑	XX	MY	MX	MV	ML	BGR	MH	0	0	00

　基本的な処理の流れにあわせて実装してみましょう。最初にSPI3、CSピン、DCピンを初期化します。CSピンは常にLowとするため、ここでLow出力に設定します。通信速度は4MHzとしました。実力値としてはILI9341への送信は60〜70Mhzぐらいまで、受信は16MHzぐらいまでが通信が成立する速度になります。

```
spi := machine.SPI3
spi.Configure(machine.SPIConfig{
    SCK:       machine.SPI3_SCK_PIN,
    SDO:       machine.SPI3_SDO_PIN,
    SDI:       machine.SPI3_SDI_PIN,
    Frequency: 4 * 1e6, // 4MHz
})

cs := machine.LCD_SS_PIN
cs.Configure(machine.PinConfig{machine.PinOutput})
cs.Low()
dc := machine.LCD_DC
dc.Configure(machine.PinConfig{machine.PinOutput})
```

　続いてSPIの通信部を実装します。D/CをLowにしてコマンド送信、Highにしてデータ送信（もしくは受信）という流れです。以下はRead Display MADCTLの例です。

```
buf := []byte{0x0B, 0x00}
dc.Low()           // コマンド
spi.Tx(buf[:1], nil) // buf[0]を送信する
dc.High()          // データ
spi.Tx(nil, buf[1:]) // buf[1]に受信する
```

ソースコード全体は以下の通りです。Memory Access Controlで送信するデータ（buf[1]）を変更すると結果に反映されるのがわかります。

```go
package main

import (
    "fmt"
    "machine"
    "time"
)

func main() {
    spi := machine.SPI3
    spi.Configure(machine.SPIConfig{
        SCK:       machine.SPI3_SCK_PIN,
        SDO:       machine.SPI3_SDO_PIN,
        SDI:       machine.SPI3_SDI_PIN,
        Frequency: 4 * 1e6, // 4MHz
    })

    cs := machine.LCD_SS_PIN
    cs.Configure(machine.PinConfig{machine.PinOutput})
    cs.Low()

    dc := machine.LCD_DC
    dc.Configure(machine.PinConfig{machine.PinOutput})
    time.Sleep(2 * time.Second) // USB CDC接続待ち

    // Read Display MADCTL (0Bh)
    buf := []byte{0x0B, 0x00}
    dc.Low()              // コマンド
    spi.Tx(buf[:1], nil) // buf[0]を送信する
    dc.High()             // データ
    spi.Tx(nil, buf[1:]) // buf[1]に受信する
    fmt.Printf("Read Display MADCTL   : % X\r\n", buf)

    // Memory Access Control (36h)
    buf = []byte{0x36, 0xAC}
    dc.Low()              // コマンド
    spi.Tx(buf[:1], nil) // buf[0]を送信する
    dc.High()             // データ
    spi.Tx(buf[1:], nil) // buf[1]を送信する
    fmt.Printf("Memory Access Control : % X\r\n", buf)

    // Read Display MADCTL (0Bh)
    buf = []byte{0x0B, 0x00}
    dc.Low()              // コマンド
    spi.Tx(buf[:1], nil) // buf[0]を送信する
    dc.High()             // データ
```

```
    spi.Tx(nil, buf[1:]) // buf[1]に受信する
    fmt.Printf("Read Display MADCTL    : % X\r\n", buf)
    select {}
}
```

```
Read Display MADCTL    : 0B 00
Memory Access Control : 36 AC
Read Display MADCTL    : 0B AC
```

　ここでは、SPIの説明としてILI9341と最低限の通信を行いました。ILI9341を使ったディスプレイへの表示などは6章で説明します。

5

各ペリフェラルの使い方

10 USB HID
Section

▼ USB HIDとは

USB HID は Universal Serial Bus Human Interface Device の略称で、主にパソコンで使用されるデバイスのためのデバイス定義です。正確にはペリフェラルそのものではなく、USB ペリフェラルの Device モードを使った機能です。規格としての HID にはキーボードやマウス、ゲームのコントローラーなどの機能が定義されていて、定義済みの機能は追加の設定なしでパソコンなどから使用することができます。

USB HID を使用すると、例えばキーボードとして認識されるデバイスを TinyGo で作ることができます。TinyGo 0.26 時点ではキーボードとマウスの機能に対応しています。

▼ 使い方（キーボード）

machine/usb/hid/keyboard.New で HID キーボードのインスタンスを作ることができます。以下のソースコードは、1秒待ってから「TinyGo」とキー入力します。パソコンとの接続が確立するまで少し待つ必要があることに注意してください。

```
package main

import (
    "machine/usb/hid/keyboard"
    "time"
)

func main() {
    kb := keyboard.New()
    time.Sleep(1 * time.Second) // パソコンとの接続確立待ち
    kb.Write([]byte("TinyGo"))
}
```

キーボードを操作するための関数は次の通りです。

$TINYGOROOT/src/machine/usb/hid/keyboard/keyboard.go

```go
// 指定したキーを押して放します
func (kb *keyboard) Press(c Keycode) error

// 引数で指定したキーを押したままにします
func (kb *keyboard) Down(c Keycode) error

// 引数で指定したキーを放します
func (kb *keyboard) Up(c Keycode) error

// 引数で指定したバイト列をキーシーケンスとして送信します
func (kb *keyboard) Write(b []byte) (n int, err error)

// 引数で指定したバイトを送信します
func (kb *keyboard) WriteByte(b byte) error
```

キーコードの定義は、machine/usb/hid/keyboard/keycode.goにあります。定義されているキーコードの一覧はソースコードを確認してください。

$TINYGOROOT/src/machine/usb/hid/keyboard/keycode.go(抜粋)

```go
const (
    KeyModifierCtrl     Keycode = 0x01 | 0xE000
    KeyModifierShift    Keycode = 0x02 | 0xE000
    KeyModifierAlt      Keycode = 0x04 | 0xE000

    KeyA           Keycode = 4 | 0xF000
    KeyB           Keycode = 5 | 0xF000
    KeyC           Keycode = 6 | 0xF000

    KeyEnter       Keycode = 40 | 0xF000
    KeyEsc         Keycode = 41 | 0xF000
    KeyBackspace   Keycode = 42 | 0xF000

    KeyF1          Keycode = 58 | 0xF000
    KeyF2          Keycode = 59 | 0xF000
    KeyF3          Keycode = 60 | 0xF000
)
```

▼ キーボードを使った例

下記を実行してWio Terminalの上部右側ボタンを押すと、キーボードで「echo TinyGo」が入力されます。 Shift + T キー、 Shift + G キーを入力するので、それぞれ大文字で入力されます。

```go
package main

import (
    "machine"
    "machine/usb/hid/keyboard"
    "time"
)

func main() {
    button := machine.BUTTON
    button.Configure(machine.PinConfig{Mode: machine.PinInputPullup})

    kb := keyboard.New()

    for {
        if !button.Get() {
            kb.Write([]byte("echo "))
            kb.Down(keyboard.KeyModifierShift) // Shiftキー押下
            kb.Press(keyboard.KeyT)            // t
            kb.Up(keyboard.KeyModifierShift)   // Shiftキー開放
            kb.Press(keyboard.KeyI)            // i
            kb.Press(keyboard.KeyN)            // n
            kb.Press(keyboard.KeyY)            // y
            kb.Down(keyboard.KeyModifierShift) // Shiftキー押下
            kb.Press(keyboard.KeyG)            // g
            kb.Up(keyboard.KeyModifierShift)   // Shiftキー開放
            kb.Press(keyboard.KeyO)            // o
            kb.Press(keyboard.KeyReturn)       // Enterキー
            time.Sleep(200 * time.Millisecond)
        }
    }
}
```

コマンドプロンプトやbashなどで実行すると以下のように表示されます。

実行結果

```
$ echo TinyGo
TinyGo
```

180

▼ 使い方（マウス）

machine/usb/hid/mouse.NewでHIDマウスのインスタンスを作ることができます。以下のソースコードは、1秒待ってからマウスポインタを右に100移動します。パソコンとの接続が確立するまで少し待つ必要があることに注意してください。

```go
package main

import (
    "machine/usb/hid/mouse"
    "time"
)

func main() {
    m := mouse.New()
    time.Sleep(1 * time.Second) // パソコンとの接続確立待ち
    m.Move(100, 0)
}
```

マウスに関する操作関数は以下の通りです。

$TINYGOROOT/src/machine/usb/hid/mouse/mouse.go

```go
// 引数で指定した(vx, vy)だけマウスカーソルを移動します
func (m *mouse) Move(vx, vy int)

// マウスクリックします
// btnにはLeft、Right、Middleを指定することができます
func (m *mouse) Click(btn Button)

// マウスボタンを押下したままにします
func (m *mouse) Press(btn Button)

// 引数で指定したマウスボタンを放す
func (m *mouse) Release(btn Button)

// ホイールを回します
// 0より大きい数を指定した場合は上に回します
func (m *mouse) Wheel(v int)

// ホイールを下に回します
func (m *mouse) WheelDown()

// ホイールを上に回します
func (m *mouse) WheelUp()
```

マウスボタンの定義は以下の通りです。左ボタンが1、右ボタンが2、という形で定義されています。

$TINYGOROOT/src/machine/usb/hid/mouse/mouse.go

```go
type Button byte

const (
    Left Button = 1 << iota
    Right
    Middle
)
```

マウスボタンを押したままの状態（押下状態）で移動したい場合は、PressとReleaseを使用することができます。

```go
// 左ボタンを押したままにする
m.Press(mouse.Left)
// 右に100移動する
m.Move(100, 0)
// 下に100移動する
m.Move(0, 100)
// 左ボタンを放す
m.Release(mouse.Left)
```

マウスボタンの左右を同時に押す場合は、複数のボタンのORで表現できます。

```go
// 左ボタンと右ボタンを同時に押す
m.Press(mouse.Left | mouse.Right)
```

▼ マウスを使った例

Wio Terminal の上部右側ボタンを押したときに以下のように動くプログラムを作成します。

- マウスの左ボタンを押したままにする
- 右に 100 移動する
- 下に 100 移動する
- 左に 100 移動する
- 上に 100 移動する
- マウスの左ボタンを放す
- マウスポインタを右下に（10, 10）移動する

ソースコードは以下の通りです。

```go
package main

import (
    "machine"
    "machine/usb/hid/mouse"
    "time"
)

func main() {
    button := machine.BUTTON
    button.Configure(machine.PinConfig{Mode: machine.PinInputPullup})

    m := mouse.New()

    for {
        if !button.Get() {
            m.Press(mouse.Left)
            for i := 0; i < 100; i++ {
                m.Move(1, 0)
                time.Sleep(1 * time.Millisecond)
            }
            for i := 0; i < 100; i++ {
                m.Move(0, 1)
                time.Sleep(1 * time.Millisecond)
            }
            for i := 0; i < 100; i++ {
                m.Move(-1, 0)
                time.Sleep(1 * time.Millisecond)
            }
```

```
            for i := 0; i < 100; i++ {
                m.Move(0, -1)
                time.Sleep(1 * time.Millisecond)
            }
            m.Release(mouse.Left)
            m.Move(10, 10)
            time.Sleep(100 * time.Millisecond)
        }
    }
}
```

　マウスの動きを確認するために、ペイントソフトを起動して鉛筆ツールやブラシ
ツールのようなものを選択してください。上記の例を実行すると、ペイントソフ
トで下記のように描画されることを確認できます。1回実行するごとに、四角を描
画したあと、マウスポインタの座標を (10, 10) 移動した位置で終了しているため、
複数回実行すると異なる位置に四角形が描画されます。

マウスの動きをペイントソフトで確認

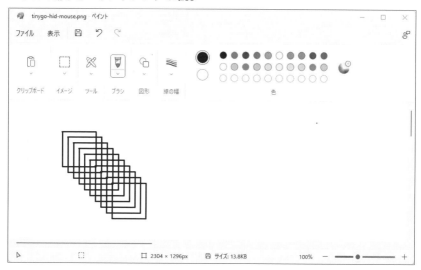

11 USB MIDI
Section

▼ USB MIDIとは

USB MIDIはUniversal Serial Bus Musical Instrument Digital Interfaceの略称で、演奏情報をUSB上でやり取りするためのインターフェースです。正確にはペリフェラルそのものではなく、USBペリフェラルのDeviceモードを使った機能になります。

USB MIDIを使用すると、MIDIキーボードとして認識されるデバイスをTinyGoで作ることができます。

▼ MIDI確認用の環境

まずはWeb MIDI APIを用いたページを使ってMIDIの確認を行います。確認が終わったあと、実際に音を鳴らしてみましょう。

最初に以下のソースコードをWio Terminalに書き込んでおいてください。

```go
package main

import (
    "machine"
    "machine/usb/midi"
    "time"
)

func main() {
    led := machine.LCD_BACKLIGHT
    led.Configure(machine.PinConfig{Mode: machine.PinOutput})

    m := midi.New()
    m.SetHandler(func(b []byte) {
        // 外部からのMIDI信号を受信
        led.Toggle()
    })

    time.Sleep(1 * time.Second)
```

```
    for {
        // 外部へMIDI信号を送信
        m.NoteOn(0, 0, midi.C4, 0x40)
        time.Sleep(time.Millisecond * 1000)
        m.NoteOff(0, 0, midi.C4, 0x40)
        time.Sleep(time.Millisecond * 1000)
    }
}
```

　Wio Terminalが立ち上がっている状態で、ChromeもしくはEdgeを使用して以下のWebサイトにアクセスしてください。Input DeviceおよびOutput Deviceとして Seed Wio Terminalを選択してください。もし、No Deviceと表示されている場合は、Wio Terminalをリセットしてから再度アクセスし、WebブラウザのMIDIアクセスを許可してください。

https://sago35.github.io/SendReceive/

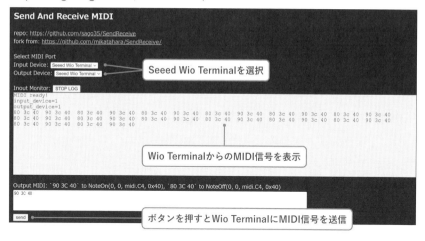

　うまく動作している場合は、Inout Monitor部にWio Terminalからの1秒ごとのMIDI信号が表示されます。またsendボタンを押すと、Wio TerminalにMIDI信号が送信され、液晶のバックライトの点灯状態が切り替わります。

▼ MIDIの使い方

先ほどのソースコードを題材に使い方を説明します。

```
m := midi.New()
m.SetHandler(func(b []byte) {
    // 外部からのMIDI信号を受信
    led.Toggle()
})
```

midi.NewでMIDIのインスタンスを作成します。SetHandlerで、MIDI受信時の動作を定義します。引数のbに受信データが設定されるので、適宜処理を行います。MIDI受信時の処理が必要ない場合は、SetHandlerは実行不要です。

$TINYGOROOT/src/machine/usb/midi/messages.go

```
// NoteOnはノートオン信号を送信します
func (m *midi) NoteOn(cable, channel uint8, note Note, velocity uint8)

// NoteOffはノートオフ信号を送信します
func (m *midi) NoteOff(cable, channel uint8, note Note, velocity uint8)

// SendCCはcontinuous controller messageを送信します
func (m *midi) SendCC(cable, channel, control, value uint8)
```

$TINYGOROOT/src/machine/usb/midi/midi.go

```
// Writeはbを送信します
func (m *midi) Write(b []byte) (n int, err error)
```

NoteOnおよびNoteOffの関数を使って音を鳴らしたり止めたりすることができます。上記以外の細かい制御を行いたい場合はWriteを使用してバイト列を送信することができます。

midi.C4などは音階を表す定数で以下のように定義されています。C4のCはドの音、Dはレの音となっていて、A0～B8まで定義されています。詳細は以下のソースコードを参照してください。

5

各ペリフェラルの使い方

```
G4
GS4
A4 // 440Hz
AS4
B4
```

　Wio Terminalがパソコンから MIDI を受信して音を鳴らす場合は、PWM の例の
ようにブザーを使うとよいでしょう。パソコン側の MIDI 音源の音を鳴らす例は次
に記載します。

▼ 使い方（パソコン側の音を鳴らす）

　Chrome もしくは Edge を使用して、以下の Web サイトにアクセスしてください。
画面上の鍵盤に反応がない場合の設定は後述します。

🔍 Web MIDI Keyboard
https://www.onlinemusictools.com/kb/

Web MIDI Keyboard

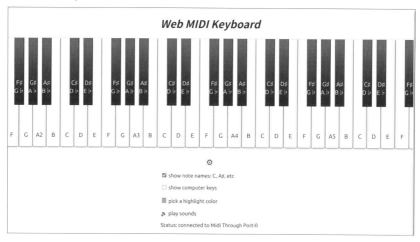

　先ほどの例でも音はなりますが、以下の例は Wio Terminal のボタンを押すと和
音を再生します。

```
package main

import (
    "machine"
    "machine/usb/midi"
    "time"
)

func main() {
    button := machine.BUTTON
    button.Configure(machine.PinConfig{Mode: machine.PinInputPullup})

    m := midi.New()
    for {
        if !button.Get() {
            // 押す
            m.NoteOn(0, 0, midi.C4, 0x40) // ド
            time.Sleep(200 * time.Millisecond)
            m.NoteOn(0, 0, midi.E4, 0x40) // ミ
            time.Sleep(200 * time.Millisecond)
            m.NoteOn(0, 0, midi.G4, 0x40) // ソ
            time.Sleep(400 * time.Millisecond)

            // 放す
            m.NoteOff(0, 0, midi.C4, 0x40)
            m.NoteOff(0, 0, midi.E4, 0x40)
            m.NoteOff(0, 0, midi.G4, 0x40)
            time.Sleep(200 * time.Millisecond)
        }
    }
}
```

各ペリフェラルの使い方 **5**

▽ **ボタンを押しても音が鳴らない場合**

鍵盤下部の設定ボタンから play sounds の On/Off を切り替えてみてください。

再生設定

189

▽ ボタンを押しても反応がない場合

先ほどのソフトを書き込んだ状態でボタンを押しても反応がない場合は、以下の設定を確認してください。

Linuxでの設定

以下のコマンドでaconnectguiをインストールしてください。

```
$ sudo apt install aconnectgui
```

Webブラウザの接続先が、Midi Through Port-0の例で説明します。それ以外の名前の場合は適宜読み替えてください。

設定を変更する

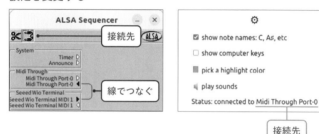

aconnectguiの画面でMidi Through Port-0の入力ポートとSeeed Wio Terminal MIDI 1出力ポートをつなぎます。画面上部の接続ボタンをクリックしてから操作すると接続することができます。環境によってWebブラウザの再起動とWio Terminalのリセットが必要となります。

なお、ソフト書き込み済みのWio Terminalを接続するまではALSA Sequencerに Wio Terminalが表示されないことに注意してください。

macOS／Windows

追加の手順はありません。うまくいかない場合はWebブラウザの再起動とWio Terminalのリセットを実施してください。

Column **Web MIDIで音を鳴らすことができるWebサイト**

上記で紹介したWebサイト以外にもさまざまなWebサイトで音を鳴らすことができます。音色が異なるだけでもかなり楽しめるので是非試してみてください。

🔍 midi.city
https://midi.city/

🔍 WebSynths Microtonal
https://www.websynths.com/microtonal/

🔍 Virtual Piano - The Original Synthesizer
https://virtualpiano.eu/

5

各ペリフェラルの使い方

12 Section TRNG

▼ TRNGとは

　TRNG は True Random Number Generator の略称で、TRNG は真性乱数を生成するペリフェラルです。真性乱数は、物理現象の挙動を用いた予測不能な値です。同じような言葉として疑似乱数がありますが、こちらはアルゴリズムに基づく乱数生成であり予測可能な値です。

▼ 使い方

　TinyGo では crypto/rand 経由で使用できます。初期化などは不要であるため、以下のソースコードのような形で使用します。

```go
package main

import (
    "crypto/rand"
    "fmt"
    "time"
)

func main() {
    var result [4]byte
    for {
        rand.Read(result[:])
        fmt.Printf("% X\r\n", result)
        time.Sleep(time.Second)
    }
}
```

出力結果

```
A1 AE 35 30
67 B4 99 FB
1B 5B 63 90
...
```

13 その他

まだ登場していないペリフェラルなどについて、ここで軽く紹介します。

▼ SysTick

SysTickはシステムタイマーであり、24ビットのカウントダウンタイマーです。一定周期の処理などを行うための割り込みを発生させられます。

TinyGoではarm.SetupSystemTimerを用いてSysTickを使うことができます。設定可能な最大値である0xFFFFFFを入力時の割り込み周期は、約140msになります。より小さい値を設定すると周期が短くなります。下記の例は、1msごとの割り込みです。

```
package main

import (
    "device/arm"
    "machine"
)

func main() {
    machine.LED.Configure(machine.PinConfig{Mode: machine.PinOutput})

    // 1ms ごとに割り込みを発生させる
    // machine.CPUFrequency() は 120000000 (120MHz) を返す
    // SetupSystemTimer() は 120000000 を設定すると 1 秒ごとの反転となるが
    // 最大値は 0xFFFFFF のため最大周期は約 140ms となる
    arm.SetupSystemTimer(machine.CPUFrequency() / 1000)

    select {}
}

//export SysTick_Handler
func timer_isr() {
    machine.LED.Toggle()
}
```

▼ QSPI

QSPIはSPIの信号線を最大4本同時に使用することでクロックあたりのデー
タ量を増やした通信機能です。Wio Terminalには外付け4MBのFlashメモリが
QSPI接続されています。TinyGoからアクセスする場合は、基本的にtinygo.org/x/
drivers/flashもしくはtinygo.org/drivers/tinyfsを使用します。

drivers/flashは低レベルアクセスを提供しています。主要なメソッドは以下の通
りです。基本的に1となっているビットを0に落とすことしかできないため、最初
に消去してから書き込む形になります。

tinygo.org/x/drivers/flash/flash.go

```go
// QSPI Deviceを生成し返します
func NewQSPI(cs, sck, d0, d1, d2, d3 machine.Pin) *Device

// configに従い設定します
func (dev *Device) Configure(config *DeviceConfig) (err error)

// サイズを返します
func (dev *Device) Size() int64 {

// addrで指定するアドレスからbufに読み込みます
func (dev *Device) ReadAt(buf []byte, addr int64) (int, error) {

// addrで指定するアドレスに対しbufを書き込みます
func (dev *Device) WriteAt(buf []byte, addr int64) (n int, err error) {

// Block（64KB）単位でデータを消去します
func (dev *Device) EraseBlock(blockNumber uint32) error

// Sector（4KB）単位でデータを消去します
func (dev *Device) EraseSector(sectorNumber uint32) error

// すべての領域のデータを消去します
func (dev *Device) EraseAll() error
```

以下の方法で試すことができます。

```
$ go mod init main
$ go get tinygo.org/x/drivers
$ tinygo flash --target wioterminal tinygo.org/x/drivers/examples/flash/console/qspi
```

ファイルシステムが必要となる場合はtinyfsを使用します。以下でlittlefsを使っ

てFAT32ファイルシステムの読み書きを試すことができます。

```
$ go mod init main
$ go get tinygo.org/x/tinyfs/examples/console/littlefs/qspi
$ tinygo flash --target wioterminal tinygo.org/x/tinyfs/examples/console/littlefs/qspi
```

　上記tinyfsの使用例は以下の通りです。内部で使われている関数を切り出すことにより、FAT32のファイルシステムを使用できます。formatを実行するとQSPI Flash上のすべてのデータが消えてしまうことに注意が必要です。

```
==> format
Successfully formatted LittleFS filesystem.

==> mount
Successfully mounted LittleFS filesystem.

==> create abc.txt
wrote 90 bytes to abc.txt

==> ls
-rwxrwxrwx     90 abc.txt

==> cat abc.txt
00000000: 20 21 22 23 24 25 26 27 28 29 2a 2b 2c 2d 2e 2f    !"#$%&'()*+,-./
00000010: 30 31 32 33 34 35 36 37 38 39 3a 3b 3c 3d 3e 3f   0123456789:;<=>?
00000020: 40 41 42 43 44 45 46 47 48 49 4a 4b 4c 4d 4e 4f   @ABCDEFGHIJKLMNO
00000030: 50 51 52 53 54 55 56 57 58 59 5a 5b 5c 5d 5e 5f   PQRSTUVWXYZ[\]^_
00000040: 60 61 62 63 64 65 66 67 68 69 6a 6b 6c 6d 6e 6f   `abcdefghijklmno
00000050: 70 71 72 73 74 75 76 77 78 79                     pqrstuvwxy
```

▼ SDcard

SDcardはペリフェラルではありませんが、Wio Terminal の SDcard スロットに挿した SD カードへのアクセス方法をここで紹介します。Wio Terminal では SPI を用いて SD カードにアクセスします。

tinygo.org/x/drivers/sdcard/sdcard.go

```go
// SDcard Deviceを生成し返します
func New(b *machine.SPI, sck, sdo, sdi, cs machine.Pin) Device

// 設定を行います
func (d *Device) Configure() error

// サイズを返します
func (dev *Device) Size() int64

// addrで指定するアドレスからbufに読み込みます
func (dev *Device) ReadAt(buf []byte, addr int64) (int, error)

// addrで指定するアドレスに対しbufを書き込みます
func (dev *Device) WriteAt(buf []byte, addr int64) (n int, err error)

// Block (512 byte)単位でデータを消去します
func (dev *Device) EraseBlocks(start, len int64) error
```

```
$ go mod init main
$ go get tinygo.org/x/drivers
$ tinygo flash --target wioterminal tinygo.org/x/drivers/examples/sdcard/console
```

ファイルシステムが必要となる場合は tinyfs を使用します。こちらは tinygo.org/x/drivers に例があります。

```
$ go mod init main
$ go get tinygo.org/x/drivers
$ go get tinygo.org/x/tinyfs
$ tinygo flash --target wioterminal tinygo.org/x/drivers/examples/sdcard/tinyfs
```

SDcard スロットに挿す SD カードは、パソコンなどから事前に FAT32 でフォーマットしておいてください。tinyfs の例を実行して ls を実行すると SD カードのファイルを見ることができます。QSPI Flash の例と同じく create a.txt などを使ってファイルを生成することもできます。

ディスプレイに
表示する

本章では Wio Terminal に搭載されたディス
プレイの使い方を説明します。パソコン上で
動作するシミュレーターで基本的な操作方法
を学んだあと、実機で動かしていきます。

Display interface

TinyGoからディスプレイを扱う際は、tinygo.org/x/drivers.Displayerというインターフェースが基本です。これは最低限の定義なので、効率がよい処理を行うにはもう少しインターフェースが必要となりますが、ここがスタートです。

tinygo.org/x/drivers/displayer.go

```
type Displayer interface {
    // 現在のディスプレイのサイズを返します
    Size() (x, y int16)

    // 内部バッファ上の指定した座標のPixelを書き替えます
    SetPixel(x, y int16, c color.RGBA)

    // バッファのデータをディスプレイに送ります
    Display() error
}
```

以下はcolor.RGBAの構造体です。RGBの各色および透明度がそれぞれ8bit、合計32bitのデータとなります。

$GOROOT/src/image/color/color.go

```
type RGBA struct {
    R, G, B, A uint8
}
```

次の例を実行すると、三角形が描画されます。ここでは説明のためにパソコン上で描画していますが、実際にパソコン上で描画するためには、P.201で説明するtinydisplayが必要です。まずは、Displayerインターフェースがどのような処理を行うのか確認してみましょう。

```go
package main

import (
    "image/color"

    "github.com/sago35/tinydisplay/examples/initdisplay"
)

func main() {
    black := color.RGBA{R: 0, G: 0, B: 0, A: 255}----------------❶
    white := color.RGBA{R: 255, G: 255, B: 255, A: 255}------'

    display := initdisplay.InitDisplay()-----------------------❷
    display.FillScreen(black)----------------------------------❸
    for y := int16(10); y <= 100; y++ {------------------------❹
        for x := int16(10); x <= 100; x++ {
            if x < y {
                display.SetPixel(x, y, white)
            }
        }
    }-------------------------------------------------

    select {}
}
```

6

ディスプレイに表示する

実行結果（SetPixel()による描画）

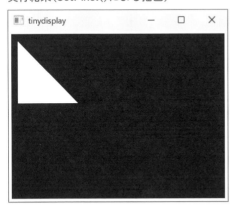

ソースコードを順番に説明していきます。

```go
black := color.RGBA{R: 0, G: 0, B: 0, A: 255}----------------❶
white := color.RGBA{R: 255, G: 255, B: 255, A: 255}------'
```

❶では、色の定義を行っています。color.RGBAは赤（R）、緑（G）、青（B）、透明度（A）を持つ型です。24bitカラーまで表現可能ですが、実際のディスプレイでは色数が制限されている場合があります。Wio Terminalに搭載されているILI9341では、最大18bitカラーまでやり取りできますが、転送量を減らすためRGB565というフォーマットを使用しています。これは、Rが5bit、Gが6bit、Bが5bitの合計16bitで色をやり取りするフォーマットです。color.RGBAは各色8bit使用することができますが、RGB565に収まらない下位ビットは捨てられます。

color.RGBAとRGB565

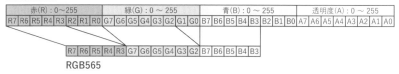

color.RGBA

RGB565

```
display := initdisplay.InitDisplay()--------------❷
```

続く❷は、ディスプレイの初期化部です。パソコンからgo buildでビルドするときはシミュレーターを使った初期化が実施され、tinygo build -target wioterminalでビルドするときはWio Terminalのディスプレイの初期化が行われます。

```
display.FillScreen(black)---------------------------❸
```

さらに❸で、FillScreen()はディスプレイ全体を指定の色（ここでは黒）で塗りつぶします。つまり最初に画面全体を黒にしています。

```
for y := int16(10); y <= 100; y++ {-------------❹
    for x := int16(10); x <= 100; x++ {
        if x < y {
            display.SetPixel(x, y, white)
        }
    }
}
```

最後に❹で、xとyを10から100までループし、x < yのときだけ白い点を描画しています。その結果、白い三角形が描画されます。ここではdisplay.Display()が実行されていませんが、ILI9341のドライバーはSetPixel()が実行されるとすぐに画面が書き替わる動作になっています。よってWio Terminalのソースコードを書いている場合は、display.Display()を実行する必要はありません。

02
Section

tinydisplayでパソコン上
の画面を作り込む

まずはtinydisplayを使って、画面表示のプログラムを作ります。tinydisplayで画面表示ができたら、Wio Terminalでも動かしてみましょう。

▼ tinydisplayとは

tinydisplayはGoで書かれたDisplayのシミュレーターです。Windows、macOS、Linux上で動作します。tinydisplayを使うと、パソコン上で画面周りの開発と実行確認ができるようになります。実機で開発する場合は、少し変更してはマイコンに書き込んで画面表示を確認、という繰り返しとなりますが、それらの繰り返しがパソコン上のみでできるため、かなり高速に開発できるようになります。また、パソコン上で開発したソースコードは、変更することなくWio Terminalなどを含む実機で動かすことができます。執筆時点最新のtinydisplay 0.3.0では、画面描画、ボタン入力、タッチイベントに対応しています。

🔎 sago35/tinydisplay
https://github.com/sago35/tinydisplay

▼ tinydisplayをインストールする

tinydisplayは、以下のURLから最新のバージョンを確認できます。Windowsは配布ファイルを解凍するだけですが、LinuxとmacOSの場合はtinydisplayの実行権限の設定が必要なため、以降の手順でコマンドを実行してください。

なお、ここではバージョン0.3.0を指定していますが、新しいバージョンがリリースされている場合は、適宜バージョンを読み替えてください。

🔎 tinydisplayの最新版の案内
https://github.com/sago35/tinydisplay/releases/latest

6

ディスプレイに表示する

▽ Linux

任意のフォルダに、以下のコマンドで配布ファイルをダウンロードし、解凍して
ください。取得したtinydisplayは、./tinydisplayで実行できます。

```
$ wget https://github.com/sago35/tinydisplay/releases/download/0.3.0/tinydisplay_0.3.0_
linux_amd64.tgz
$ tar xvzf tinydisplay_0.3.0_linux_amd64.tgz
$ cd tinydisplay_0.3.0_linux_amd64/
$ chmod 755 tinydisplay
$ ./tinydisplay
```

▽ macOS

Intel版とApple Silicon版で共通のバイナリを使用します。どちらもtinydisplay_
X.X.X_macos_amd64.tgzをダウンロードして解凍してください。

```
$ curl -OL https://github.com/sago35/tinydisplay/releases/download/0.3.0/
tinydisplay_0.3.0_macos_amd64.tgz
$ tar xvzf tinydisplay_0.3.0_macos_amd64.tgz
$ cd tinydisplay_0.3.0_macos_amd64
$ chmod 755 tinydisplay
```

初回起動時のみFinderで上記フォルダを開き、[control]キーを押しながらtinydisplay
をクリックして、ショートカットメニューから［開く］を選択してください。以降は、
バイナリをダブルクリック、もしくは./tinydisplayで実行できます。

▽ Windows

tinydisplay_X.X.X_windows_amd64.zipをダウンロードして解凍してください。
tinydisplay.exeをダブルクリック、もしくは.\tinydisplay.exeで実行できます。

> ### ▼ tinydisplayの動作確認

tinydisplayの動作確認がすぐに行えるように、あらかじめサンプルコードを用意
しておきました。tinydisplayコマンドを実行したのとは別のシェル（もしくはター
ミナルやコマンドプロンプトなど）を開き、任意のフォルダに移動した状態で、以
下のコマンドを実行してください。

```
go run github.com/sago35/tinydisplay/examples/pyportal_boing@latest
```

tinydisplayの動作確認

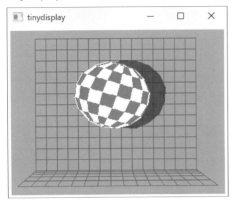

　同じソースコードをWio Terminalにも書き込んでみましょう。実機でも同じように動作を確認できます。このソースコードは最適化オプション-optの有無により、速度がかなり変わります。速度優先の --opt 2 を指定しておいてください。

```
$ tinygo flash --target wioterminal --opt 2 github.com/sago35/tinydisplay/examples/
pyportal_boing
```

▼ tinydisplayの基本的な使い方

　パソコンと実機での差異を吸収するために、initdisplay.InitDisplay()を使用して初期化します。よって、基本的には以下のソースコードをベースとします。

```go
package main

import (
    "image/color"

    "github.com/sago35/tinydisplay/examples/initdisplay"
)

func main() {
    display := initdisplay.InitDisplay()
    display.FillScreen(color.RGBA{0xFF, 0x00, 0x00, 0xFF})

    for {
        // ここに実装する
    }
}
```

▼ キー入力、ボタン入力の使い方

tinydisplay はマイコン実機におけるボタン入力の代わりに、キーボードによる入力を受け取ることができます。

github.com/sago35/tinydisplay/client.go

```
func (c *Client) GetPressedKey() uint16
```

キー定義は以下にあります。 Enter キー（macOS は return キー）が押されたときは、GetPressedKey() は 0x101 を返します。何も押されていないときは、0xFFFF を返します。

github.com/sago35/tinydisplay/keys.go

```
var keyMaps = map[fyne.KeyName]uint16{
    fyne.KeyEscape:    0x100,
    fyne.KeyReturn:    0x101,
    fyne.KeyTab:       0x102,
    fyne.KeyBackspace: 0x103,
    // （省略）
}
```

これらを使ったパソコンと実機で共通のソースコードを見てみましょう。パソコンに対してはキー入力を、実機に対しては machine.Pin の入力を使う形で分岐します。ファイル単位での分岐となるため、複数ファイルに分けてソースコードを書く必要があります。

まずは Wio Terminal 用のソースコードです。initEnv() でディスプレイおよび machine.Pin の初期化を行っています。以降は Pressed() でキーが押されたかどうかを確認しています。今回使用しているキーは、十字キーの押し込み（WIO_5S_PRESS）です。

wioterminal.go

```
//go:build wioterminal
// +build wioterminal

package main

import (
    "machine"

    "github.com/sago35/tinydisplay/examples/initdisplay"
```

```
    "tinygo.org/x/drivers/ili9341"
)

var (
    button machine.Pin
)

func initEnv() *ili9341.Device {
    button = machine.WIO_5S_PRESS
    button.Configure(machine.PinConfig{Mode: machine.PinInput})

    return initdisplay.InitDisplay()
}

func Pressed() bool {
    return !button.Get()
}
```

　次にパソコン用のソースコードです。initEnv()でtinydisplayの初期化を行っています。キー入力はdisplay.GetPressedKey()から取得する必要があります。

generic.go

```
//go:build !baremetal
// +build !baremetal

package main

import (
    "github.com/sago35/tinydisplay/examples/initdisplay"
)

var display *initdisplay.TinyDisplay

func initEnv() *initdisplay.TinyDisplay {
    display = initdisplay.InitDisplay()

    return display
}

func Pressed() bool {
    return display.GetPressedKey() != 0xFFFF
}
```

6

ディスプレイに表示する

以下のソースコードで、Wio Terminal用のinitEnv()もしくはパソコン用のinitEnv()を使用しています。キーが押されるごとに画面の色を変更します。パソコンから実行しているときは、tinydisplayのウィンドウにフォーカスがあたっている状態でキーを入力してください。

main.go

```go
package main

import (
    "image/color"
    "math/rand"
    "time"
)

func main() {
    display := initEnv()
    rand.Seed(time.Now().UnixNano())
    for {
        if Pressed() {
            display.FillScreen(color.RGBA{uint8(rand.Uint32()),
                uint8(rand.Uint32()), uint8(rand.Uint32()), 255})
            time.Sleep(100 * time.Millisecond)
        }
    }
}
```

実行確認を行うためには、任意のフォルダを作ってそこに移動してください。go modコマンドと、go getコマンドを実行したあと、示したwioterminal.go、generic.go、main.goを作成したフォルダに作ることで、実行確認ができます。

```
$ go mod init main
$ go get github.com/sago35/tinydisplay

# tinydisplayで実行する
$ go run .

# Wio Terminalで実行する
$ tinygo flash --target wioterminal .
```

以降、tinydisplayを使いつつ説明していきます。サンプルを実際に実行確認する場合は、任意のフォルダを作り、示したソースコードを作ったフォルダに入れてください。

03 基本図形、フォント、画像の描画
Section

　先ほどの例では、SetPixel()を使用し描画したい点をすべて指定していました。しかし、この方法は大変なので「p1からp2に直線を描画」「p3にhello worldとテキストを描画」などの操作をするためのpackageを使用します。TinyGoでそれらを実装しているのがtinydrawとtinyfontです。

📍**tinydraw ： 基本的な図形描画のためのpackage**
　https://github.com/tinygo-org/tinydraw

📍**tinyfont ： フォント描画のためのpackage**
　https://github.com/tinygo-org/tinyfont

▼ **基本図形を描画する**

　tinydrawの関数を用いて描画します。すべての関数はdisplayに対して行われます。Rectangle()は塗りつぶし無しですが、FilledRectangle()は塗りつぶしで描画します。他の関数も名前にFilledが付く場合は塗りつぶします。

tinygo.org/x/tinydraw/tinydraw.go

```
// (x0,y0)から(x1,y1)の直線をcolorで指定する色で描画する
func Line(display drivers.Displayer, x0, y0, x1, y1 int16, color color.RGBA)

// (x,y)から幅w高さhの四角をcolorで指定する色で描画する
func Rectangle(display drivers.Displayer, x, y, w, h int16, color color.RGBA)
func FilledRectangle(display drivers.Displayer, x, y, w, h int16, color color.RGBA)

// (x0,y0)から半径rの円をcolorで指定する色で描画する
func Circle(display drivers.Displayer, x0, y0, r int16, color color.RGBA)
func FilledCircle(display drivers.Displayer, x0, y0, r int16, color color.RGBA)

// (x0,y0)、(x1,y1)、(x2,y2)を頂点とする三角形をcolorで指定する色で描画する
func Triangle(display drivers.Displayer, x0, y0, x1, y1, x2, y2 int16, color color.
RGBA)
func FilledTriangle(display drivers.Displayer, x0, y0, x1, y1, x2, y2 int16, color
color.RGBA)
```

▼ フォントを描画する

図形の描画と同じくtinyfontの関数を用いて描画します。内部で指定するfontデータについては、後述します。

tinygo.org/x/tinyfont/tinyfont.go

```
// fontを用いて(x,y)の位置からcで指定する色でテキストstrを描画する
func WriteLine(display drivers.Displayer, font *Font, x, y int16, str string, c color.
RGBA)

// rotationを指定して上記同様テキストstrを描画する
func WriteLineRotated(display drivers.Displayer, font *Font, x, y int16, str string, c
color.RGBA, rotation Rotation)
```

tinyfont.Rotation は以下のように定義されています。

tinygo.org/x/tinyfont/tinyfont.go

```
const (
    NO_ROTATION   Rotation = 0
    ROTATION_90   Rotation = 1 // 時計回りに90度回転
    ROTATION_180  Rotation = 2 // 時計回りに180度回転
    ROTATION_270  Rotation = 3 // 時計回りに270度回転
)
```

フォントはtinyfontリポジトリに次のデータが置かれています。tinyfontは英数字以外の文字にも対応していますが、ファイルサイズの関係で表のフォントにはほとんど含まれていません。日本語などを含むフォントは、後述のtinyfontgen-ttfを用いて作成することができます。

使用できるフォントの種類

フォント名	サイズ（高さ）
tinygo.org/x/tinyfont.Org01	6 px
tinygo.org/x/tinyfont.Picopixel	6 px
tinygo.org/x/tinyfont.Tiny3x3a2pt7b	3 px
tinygo.org/x/tinyfont.TomThumb	5 px
tinygo.org/x/tinyfont/freemono/*	9 - 24 pt
tinygo.org/x/tinyfont/freesans/*	9 - 24 pt
tinygo.org/x/tinyfont/freeserif/*	9 - 24 pt
tinygo.org/x/tinyfont/gophers/*	14 - 121 pt
tinygo.org/x/tinyfont/notoemoji/*	12 - 20 pt
tinygo.org/x/tinyfont/notosans/*	12 pt
tinygo.org/x/tinyfont/proggy.TinySZ8pt7b	8 pt

▽ tinyfontgen-ttfでフォントを自作する

用意されたフォント以外に自分でフォントを作成して使用することも可能です。ここではNoto Sans Japaneseからフォントを作成し、実際に表示してみます。ここでは下記のフォントを使って説明します。フォントはページ上部のDownload familyからダウンロードできます。

🔎 Noto Sans Japanese ダウンロードページ
https://fonts.google.com/noto/specimen/Noto+Sans+JP

最初にtinyfontgen-ttfをインストールします。

```
$ go install tinygo.org/x/tinyfont/cmd/tinyfontgen-ttf@dev
```

次に、TTFフォントをtinyfontのフォントに変換します。サイズは初期値が12ptですが、必要に応じて変更してください。以下では32ptを指定しています。デフォルトではASCIIの範囲の文字のみでフォントを作成します。追加の文字をフォントに含めたい場合は、--stringもしくは--string-fileで指定することができます。以下では、平仮名の「こんにちは」をフォント内に含めるようにしました。

ディスプレイに表示する 6

```
$ tinyfontgen-ttf --output font.go --fontname NotoSans32pt -size 32 NotoSansJP-Regular.
otf --string "こんにちは"
```

　以下のようなファイルが生成されます。--fontnameで指定したNotoSans32pt
というフォントが作成されているのがわかります。

font.go

```
package main

import (
    "tinygo.org/x/tinyfont/const2bit"
)

var NotoSans32pt = const2bit.Font{
    OffsetMap: mNotoSans32pt,
    Data:      dNotoSans32pt,
    YAdvance:  32,
    Name:      "NotoSans32pt",
}
```

　フォントを使用するソースコードは以下の通りです。上記と同じフォルダに以下
のソースコードを作成してください。

```
package main

import (
    "image/color"

    "github.com/sago35/tinydisplay/examples/initdisplay"
    "tinygo.org/x/tinyfont"
)

var (
    font  = &NotoSans32pt
    black = color.RGBA{0x00, 0x00, 0x00, 0xFF}
)

func main() {
    display := initdisplay.InitDisplay()

    tinyfont.WriteLine(display, font, 5, 50, "tinyfont", black)
    tinyfont.WriteLine(display, font, 5, 100, font.Name, black)
    tinyfont.WriteLine(display, font, 5, 150, "こんにちは", black)

    select {}
}
```

tinygo flash を実施するには、go mod を実行しておく必要があります。

```
$ go mod init main
$ go get tinygo.org/x/tinyfont@dev
$ go get github.com/sago35/tinydisplay
$ go mod tidy
```

ここまで進んだら、tinydisplay で表示してみてください。

```
$ go run .
```

TinyFontを使った描画

もちろん Wio Terminal でも実行することができます。以下のコマンドで書き込んで実行してみてください。

```
$ tinygo flash --target wioterminal --size short .
   code     data     bss |   flash      ram
  33504      228    6240 |   33732     6468
```

▼ 文字列を何度も描画する

センサーからの値をディスプレイに描画する場合など、同じ場所に文字列を何度も描画したい場合があります。例えば、以下のようなソースコードを実装したくなると思います。

```
package main

import (
    "fmt"
    "image/color"
    "time"

    "github.com/sago35/tinydisplay/examples/initdisplay"
    "tinygo.org/x/tinyfont"
    "tinygo.org/x/tinyfont/freeserif"
)

func main() {
    display := initdisplay.InitDisplay()
    display.FillScreen(color.RGBA{0xFF, 0xFF, 0xFF, 0xFF})
    black := color.RGBA{0x00, 0x00, 0x00, 0xFF}

    count := 0
    for {
        count++
        str := fmt.Sprintf("count : %d", count)
        tinyfont.WriteLine(display, &freeserif.Regular18pt7b, 10, 50, str, black)
        time.Sleep(1 * time.Second)
    }
}
```

しかし、同じ場所に複数回書き込むため、文字が重なって表示されてしまいます。

複数回描画すると文字が重なる

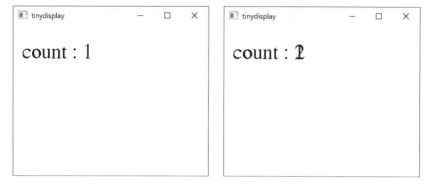

　対策としては、display.FilledRectangle()などで一度消してから書き込むという方法が考えられますが、消してから新たに書き込む場合はどうしてもちらつきます。次のソースコード中の②では、display.FillRectangle()を実行してから

tinyfont.WriteLine()を実行していますが、その途中経過がディスプレイに表示されるためちらついて見えます。

③では、Label型の変数に対してFillScreen()を実行してから、tinyfont.WriteLine()を実行しています。この途中経過はディスプレイには表示されず、最後のdisplay.DrawRGBBitmap()で表示されるようになります。途中経過が表示されないため、ほとんどちらつかずに表示されます。Label型は、ディスプレイに送るためのデータを保持する構造体になっており、Displayerインターフェースを満たしています。Displayerインターフェースを満たすことで、tinyfont.WriteLine()などから使用できるようになります。

```go
package main

import (
    "fmt"
    "image/color"
    "time"

    "github.com/sago35/tinydisplay/examples/initdisplay"
    "tinygo.org/x/tinyfont"
    "tinygo.org/x/tinyfont/freeserif"
)

func main() {
    white := color.RGBA{0xFF, 0xFF, 0xFF, 0xFF}
    black := color.RGBA{0x00, 0x00, 0x00, 0xFF}

    display := initdisplay.InitDisplay()
    display.FillScreen(white)

    count := 0
    label := NewLabel(320, 50)
    for {
        count++
        str := fmt.Sprintf("count : %d", count)

        // ①単純に書き込む例
        // 文字列が重なってしまう
        tinyfont.WriteLine(display, &freeserif.Regular18pt7b, 10, 30, str, black)

        // ②消してから書き込む例
        // 一度消してから表示するのでちらつく
        display.FillRectangle(0, 50, 320, 50, white)
        tinyfont.WriteLine(display, &freeserif.Regular18pt7b, 10, 80, str, black)

        // ③Labelを使った例
        // ほとんどちらつかない
```

```
        label.FillScreen(white)
        tinyfont.WriteLine(label, &freeserif.Regular18pt7b, 10, 30, str, black)
        display.DrawRGBBitmap(0, 100, label.Buf, label.W, label.H)
        time.Sleep(1 * time.Second)
    }
}

type Label struct {
    Buf  []uint16
    W, H int16
}

func NewLabel(w, h int16) *Label {
    return &Label{
        Buf: make([]uint16, w*h),
        W:   w,
        H:   h,
    }
}

func (l *Label) Display() error {
    return nil
}

func (l *Label) Size() (x, y int16) {
    return l.W, l.H
}

func (l *Label) SetPixel(x, y int16, c color.RGBA) {
    l.Buf[x+y*l.W] = RGBATo565(c)
}

func (l *Label) FillScreen(c color.RGBA) {
    for i := range l.Buf {
        l.Buf[i] = RGBATo565(c)
    }
}

func RGBATo565(c color.RGBA) uint16 {
    r, g, b, _ := c.RGBA()
    return uint16((r & 0xF800) +
        ((g & 0xFC00) >> 5) +
        ((b & 0xF800) >> 11))
}
```

②はtinydisplayで表示するとほとんどわからないかもしれませんが、Wio Terminalで確認すると明らかにちらついているのがわかると思います。次の画像はFillRectangle()で消してからtinyfont.WriteLine()をする途中の状態です。このような状態が見えてしまうため、ちらつきとして認識してしまいます。

表示結果

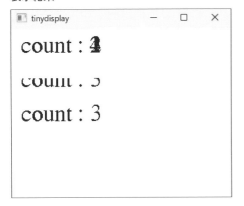

▼ PNGもしくはJPEGを描画する

　描画対象のデータの解像度が十分に小さい場合、Goの標準packageのimage/pngおよびimage/jpegを使用することができます。何らかの方法で画像データをプログラムに含める必要があります。ここではtinygo_jpgにデータが含まれているとすると、以下のように記述できます。

```go
func main() {
    display := initdisplay.InitDisplay()
    img, err := jpeg.Decode(strings.NewReader(tinygo_jpg))
    if err != nil {
        log.Fatal(err)
    }

    for y := 0; y < img.Bounds().Max.Y; y++ {
        for x := 0; x < img.Bounds().Max.X; x++ {
            r, g, b, _ := img.At(x, y).RGBA()
            display.SetPixel(int16(x), int16(y), color.RGBA{
                R: uint8(r >> 8), G: uint8(g >> 8),
                B: uint8(b >> 8), A: uint8(0xFF)})
        }
    }

    select {}
}
```

　しかし、image/jpegを使うためには、Decode()の戻り値であるimage.Image型のimgを保持する必要があります。多くの場合、image.Image型はpixel数*4byte

程度のサイズが必要になります。Wio Terminalのディスプレイサイズである
320x240の画像であれば、300KB以上のサイズとなります。さらにimage/jpegの
場合は、image.Imageとは別に最低でも65KBほどの圧縮データ処理用RAMが必
要となります。Wio Terminalに搭載されている192KBのRAMに対し、非常に大き
なサイズが必要であるため使いにくいです。

　TinyGoでは、tinygo.org/x/drivers/image以下に、RAM使用量が少ないVersion
のimage packageを作っています。以下のような形で使用します。なお、以下の
例を実行する場合は、tinygoの最適化オプションに --opt s などを追加してくださ
い。執筆時点のTinyGoではデフォルトの --opt z ではpng.Decode()がうまく処理
されません。

```
                                  tinygo.org/x/drivers/examples/ili9341/slideshow/main.go
var buffer [3 * 8 * 8 * 4]uint16

func drawPng(display *ili9341.Device) error {
    p := strings.NewReader(pngImage)
    png.SetCallback(buffer[:], func(data []uint16, x, y, w, h, width, height int16) {
        err := display.DrawRGBBitmap(x, y, data[:w*h], w, h)
        if err != nil {
            errorMessage(fmt.Errorf("error drawPng: %s", err))
        }
    })

    _, err := png.Decode(p)
    return err
}

func drawJpeg(display *ili9341.Device) error {
    p := strings.NewReader(jpegImage)
    jpeg.SetCallback(buffer[:], func(data []uint16, x, y, w, h, width, height int16) {
        err := display.DrawRGBBitmap(x, y, data[:w*h], w, h)
        if err != nil {
            errorMessage(fmt.Errorf("error drawJpeg: %s", err))
        }
    })

    _, err := jpeg.Decode(p)
    return err
}
```

　png.Decode()やjpeg.Decode()を使うところは変わりませんが、Decode()を呼
び出してもimage.Imageは返しません。代わりにSetCallback()で指定した関数が
呼び出されるようになっています。これによりimage.Image型のRAMを確保する
ことなく、直接displayに描画できるようになります。

```
▼ PNGやJPEGなどの画像データをプログラムに含める方法
```

　TinyGo0.24からembedが使えるようになったので、画像データなどはembed
で取り込むとよいでしょう。まずはembed packageをimportします。そのあと、
//go:embedを用いて取り込みたいファイルを指定します。**//go:embed**の直後の行
にある[]byte型の変数に取り込まれたデータがセットされます。今回の場合は、
hello worldに対応するbyte列が取り込まれます。なお、取り込むファイルが存在
しない場合はエラーになってしまうため注意が必要です。

　embedを使う場合、定義が[]byteとなりますが、基本的にはROMに配置され
ます。ただし、[]byteに対してコンパイラーがチェックを行い変更があると思わ
れる場合には、RAMにも配置されます。使う場合は、意図通りに配置されている
かを確認してください。多くの場合、tinygo flashやtinygo buildのオプションに、
-size=shortを追加するだけでわかると思います。

```go
package main

import (
    _ "embed"
    "time"
)

//go:embed test.txt
var binaryData []byte

func main() {
    time.Sleep(2 * time.Second) // USB CDC接続待ち
    println(string(binaryData))
}
```

```
                                                              test.txt
hello world
```

　実際に動かすと以下のように出力されます。

実行結果
```
hello world
```

▼ ここまでのまとめ

今まで説明した関数を使って直線、四角、円、三角、フォントの組み合わせを描画してみましょう。例えば以下のような形になるように書いてみてください。

基本図形とフォントの組み合わせ

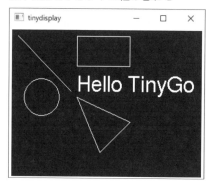 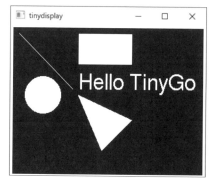

実際のソースコードは以下の通りです。塗りつぶし無しのソースコード例を示しましたが、塗りつぶし有りにする場合は FilledCircle() などの関数を使ってください。

```go
package main

import (
    "image/color"

    "tinygo.org/x/tinydraw"
    "tinygo.org/x/tinyfont"
    "tinygo.org/x/tinyfont/freesans"

    "github.com/sago35/tinydisplay/examples/initdisplay"
)

func main() {
    black := color.RGBA{R: 0, G: 0, B: 0, A: 255}
    white := color.RGBA{R: 255, G: 255, B: 255, A: 255}

    display := initdisplay.InitDisplay()
    display.FillScreen(black)
    tinydraw.Line(display, 10, 10, 100, 100, white)
    tinydraw.Rectangle(display, 110, 10, 90, 50, white)
    tinydraw.Circle(display, 50, 110, 30, white)
    tinydraw.Triangle(display, 110, 110, 200, 150, 150, 200, white)
```

```
    tinyfont.WriteLine(display, &freesans.Regular18pt7b, 110, 100, "Hello TinyGo",
white)

    select {}
}
```

Column ■ データ保存に対しての embed 以外の選択肢

　例えば［]byte{0, 1, 2, 3}のようなデータを保持しようとするとvarを使って書きたくなる
と思います。

```
var binaryData = []byte{0x00, 0x01, 0x02, 0x03}
```

　小さいデータの場合は上記の書き方がシンプルでよいです。しかしこの書き方ではデー
タ初期化のためのROMと実際に保持するためのRAMの両方が必要になります。例えば
100byteのデータであればROMが約100byte、RAMも約100byte必要となります。画像や
フォントデータのようなものをRAMに保持するのはサイズ的にかなり厳しいです。
　他の方法として、constを使った以下の方法があります。例えば上記と同様に、［]byte{0,
1, 2, 3}というデータを保持したい場合は以下のように書きます。この書き方であればすべて
ROM上のデータとなり、RAMは消費しません。

```
const binaryData = "\x00\x01\x02\x03"
```

---

　embedを使うまでもないちょっとしたデータは上記のいずれかを使うことを検討してみて
ください。

04 ディスプレイの仕様

Section

Wio Terminalには、解像度320x240のディスプレイが搭載されています。またディスプレイのコントローラーは、ILITEK社のILI9341が使われています。ILI9341は解像度240x320用のコントローラーですが、Wio Terminalでは270度回転させたモードを使用しています。このモードではディスプレイの一番左上の点が(0,0)で、右下が(319,239)という座標になります。

320x240ディスプレイを搭載

ILI9341はSPIおよびいくつかの信号線で接続されています。ディスプレイの書き替えに使うのは主に以下の4つの信号です。

ディスプレイの書き替えに使う信号

信号名	役割
LCD_SCK	SPIの信号、クロック
LCD_MOSI	SPIの信号、マイコンからディスプレイへの信号
LCD_MISO	SPIの信号、ディスプレイからマイコンへの信号
LCD_D/C	送受信対象の種別（データorコマンド）を表す信号

　回路図では LCD_XL などタッチパネル用の信号が割り当てられていますが、残念ながら現在の Wio Terminal はタッチパネルに対応していません。

回路図

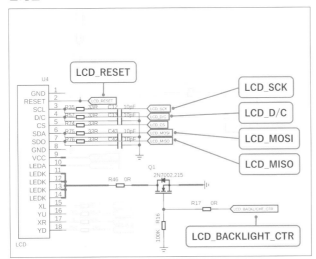

▼ ディスプレイ描画の基本

　ILI9341 に対する SetPixel() の実際のソースコードは以下の通りです。setWindow() で転送する範囲を指定し、そのあとの driver.write16() で書き込みを行います。このとき、前述の color.RGBA 型で渡された色情報を ILI9341 で扱える RGB565 に変換しています。setWindow() はピン操作と SPI 通信を、driver.write16() は SPI 通信を行っています。このようなマイコンの外部との通信などを伴う処理は、内部のみの処理に比べて数倍から数十倍以上の処理時間がかかるため、できるだけ SetPixel() の使用回数を減らすことが重要です。なるべく、まとめて書き込むことができる DrawRGBBitmap() などを使用するとよいでしょう。以降で ILI9341 ドライバーを紹介します。

tinygo.org/x/drivers/ili9341/ili9341.go

```
// SetPixel modifies the internal buffer.
func (d *Device) SetPixel(x, y int16, c color.RGBA) {
    d.setWindow(x, y, 1, 1)
    c565 := RGBATo565(c)
    d.startWrite()
    d.driver.write16(c565)
    d.endWrite()
}
```

05
Section
tinygo.org/x/drivers/ili9341の使い方

　TinyGoでILI9341を扱う場合は、tinygo.org/x/drivers/ili9341を使います。display.Displayerインターフェース以外のメソッドがあるためここで説明します。特にDrawRGBBitmap()とDrawRGBBitmap8()は高速に描画するうえで非常に大事です。

tinygo.org/x/drivers/ili9341/spi_atsamd51.go

```
// SPIを使用したILI9341ドライバーを作成します
func NewSPI(bus machine.SPI, dc, cs, rst machine.Pin) *Device
```

tinygo.org/x/drivers/ili9341/ili9341.go

```
// ILI9341ドライバーを設定、初期化します
func (d *Device) Configure(config Config)

// ディスプレイサイズとして幅xと高さyを返します
func (d *Device) Size() (x, y int16)

// 指定した座標のpixelをcで指定される色で書き替えます
func (d *Device) SetPixel(x, y int16, c color.RGBA)

// ILI9341ドライバーでは何もしません
func (d *Device) Display() error

// (x,y)と(x+w-1,y+h-1)で指定される範囲に[]uint16型のdataを書き込みます
func (d *Device) DrawRGBBitmap(x, y int16, data []uint16, w, h int16) error

// (x,y)と(x+w-1,y+h-1)で指定される範囲に[]uint8型のdataを書き込みます
func (d *Device) DrawRGBBitmap8(x, y int16, data []uint8, w, h int16) error

// (x,y)と(x+width-1,y+height-1)で指定される四角形をcで指定される色で塗りつぶします
func (d *Device) FillRectangle(x, y, width, height int16, c color.RGBA) error

// (x,y)と(x+width-1,y+height-1)で指定される四角形をcで指定される色で描画します
func (d *Device) DrawRectangle(x, y, w, h int16, c color.RGBA) error

// (x,y0)と(x,y1)で指定される縦線をcで指定される色で描画します
func (d *Device) DrawFastVLine(x, y0, y1 int16, c color.RGBA) error

// (x0,y)と(x1,y)で指定される横線をcで指定される色で描画します
```

```
func (d *Device) DrawFastHLine(x0, x1, y int16, c color.RGBA) error

// ディスプレイ全体をcで指定される色で塗りつぶします
func (d *Device) FillScreen(c color.RGBA)

// 現在のディスプレイの回転方向を取得します
func (d *Device) GetRotation() Rotation

// 現在のディスプレイの回転方向を設定します
func (d *Device) SetRotation(rotation Rotation)

// スクロール対象のエリアを設定します
func (d *Device) SetScrollArea(topFixedArea, bottomFixedArea int16)

// line分スクロールします
func (d *Device) SetScroll(line int16)

// スクロールを止めて元の位置に戻します
func (d *Device) StopScroll()

// RGBATo565はcolor.RGBAをRGB565(uint16)に変換します
func RGBATo565(c color.RGBA) uint16
```

6 ディスプレイに表示する

　Wio Terminalにおける典型的な初期化ソースコードの例は以下の通りです。ILI9341と直接関係はないですが、バックライトをオンにしないと画面が見えないのでバックライトも設定しておきます。SetRotation()は使いたい方向に合わせて設定する必要があります。Rotation270を指定した場合、矢印キーが右下になるような位置関係になります。

　LCD_SCKなどはSERCOM7に接続されていて、TinyGoではmachine.SPI3で定義されています。SPIのFrequencyは60MHzを指定しています。ILI9341自体はもう少し高速な設定でも動作しますが、TinyGoとATSAMD51の組み合わせで簡単に使える最大速度は60MHzになります。

```
// SPI3を使用しILI9341ドライバーを設定する
machine.SPI3.Configure(machine.SPIConfig{SCK: machine.LCD_SCK_PIN,
  SDO: machine.LCD_SDO_PIN, SDI: machine.LCD_SDI_PIN, Frequency: 60 * 1e6})
display := ili9341.NewSPI(machine.SPI3, machine.LCD_DC, machine.LCD_SS_PIN,
  machine.LCD_RESET)
display.Configure(ili9341.Config{})
display.SetRotation(ili9341.Rotation270)

// バックライトをオンにする
machine.LCD_BACKLIGHT.Configure(machine.PinConfig{machine.PinOutput})
machine.LCD_BACKLIGHT.High()
```

ここまで設定したあとは、前述の SetPixel() や DrawRGBBitmap() などを使っ
て実際の描画を行います。なお、tinydisplay と Wio Terminal を同じソースコード
で使うためには、このソースコードを直接使うのではなく tinydisplay/examples/
initdisplay.InitDisplay を使ってください。

▼ SetPixel() と DrawRGBBitmap() の使用例

　ディスプレイへの書き込みには多くの時間がかかります。なるべく 1 回の SPI 通
信でたくさんのデータをやり取りしたほうが高速になります。
　以下のソースコードは、200x200 の領域に対して SetPixel() と DrawRGBBitmap()
を使ってそれぞれ書き替える例です。200x200 の領域書き替えの処理時間は、
SetPixel() は約 635ms、DrawRGBBitmap() は 65ms と、約 10 倍の処理時間差とな
りました。これらは黒で塗りつぶす時間と白で塗りつぶす時間の差として目で見て
わかるレベルの差になります。
　なお、tinygo の最適化オプションで --opt=s を指定することで、少し高速にな
りそれぞれ 318ms と 32ms になりました。速度面で気になる部分がある場合は、
--opt=s や --opt=2 も検討してみてください。

```
package main

import (
    "image/color"

    "github.com/sago35/tinydisplay/examples/initdisplay"
)

func main() {
    white := color.RGBA{R: 0xFF, G: 0xFF, B: 0xFF, A: 0xFF}
    black := color.RGBA{R: 0x00, G: 0x00, B: 0x00, A: 0xFF}

    display := initdisplay.InitDisplay()

    const sz = 200
    var framebuffer [sz * sz]uint16
    for {
        // SetPixelを使って200x200の領域を黒に書き替える
        for y := 0; y < sz; y++ {
            for x := 0; x < sz; x++ {
                display.SetPixel(int16(x), int16(y), black)
            }
        }

        // DrawRGBBitmapを使って200x200の領域を白に書き替える
```

```
        for y := 0; y < sz; y++ {
            for x := 0; x < sz; x++ {
                framebuffer[x+y*sz] = RGBATo565(white)
            }
        }
        display.DrawRGBBitmap(0, 0, framebuffer[:], int16(sz), int16(sz))
    }
}

func RGBATo565(c color.RGBA) uint16 {
    r, g, b, _ := c.RGBA()
    return uint16((r & 0xF800) +
        ((g & 0xFC00) >> 5) +
        ((b & 0xF800) >> 11))
}
```

6

ディスプレイに表示する

▼ DrawRGBBitmap()とDrawRGBBitmap8()の使い方

SetPixel()はcolor.RGBAが引数です。

```
// 指定した座標のpixelをcで指定される色で書き替えます
func (d *Device) SetPixel(x, y int16, c color.RGBA)
```

DrawRGBBitmap()とDrawRGBBitmap8()は、color.RGBAではなくRGB565（uint16）で指定する必要があります。

```
// (x,y)と(x+w,y+h)で指定される範囲に[]uint16型のdataを書き込みます
func (d *Device) DrawRGBBitmap(x, y int16, data []uint16, w, h int16) error

// (x,y)と(x+w,y+h)で指定される範囲に[]uint8型のdataを書き込みます
func (d *Device) DrawRGBBitmap8(x, y int16, data []uint8, w, h int16) error
```

DrawRGBBitmap()を使う場合は、RGBATo565を用いてuint16型に変換します。

```
    const sz = 200
    var framebuffer [sz * sz]uint16
    for {
        // DrawRGBBitmapを使って200x200の領域を白に書き替える
        for y := 0; y < sz; y++ {
            for x := 0; x < sz; x++ {
                framebuffer[x+y*sz] = RGBATo565(white)
            }
        }
```

```
    display.DrawRGBBitmap(0, 0, framebuffer[:], int16(sz), int16(sz))
}
```

DrawRGBBitmap8() を使う場合は以下のような形になります。

```
const sz = 200
var framebuffer [sz * sz * 2]uint8
for {
    // DrawRGBBitmap8を使って200x200の領域を白に書き替える
    for y := 0; y < sz; y++ {
        for x := 0; x < sz; x++ {
            c565 := RGBATo565(white)
            framebuffer[(x+y*sz)*2] = uint8(c565 >> 8)
            framebuffer[(x+y*sz)*2+1] = uint8(c565)
        }
    }
    display.DrawRGBBitmap8(0, 0, framebuffer[:], int16(sz), int16(sz))
}
```

> **Column　もっと高速に描画したい**
>
> 　DMAを使うとCPUを介在させることなく、指定したサイズのデータ転送を行えます。CPUを介在させないことにより、通信中に別の演算を行うことができるようになります。また、データとデータの間の無駄な時間もなくなるため、通信自体も高速になります。現時点のTinyGoはDMAに対応したドライバーがありませんが、以下をベースに検討を進めつつあります。
>
> 　🔍 **github.com/sago35/tinygo-dma**
> 　https://github.com/sago35/tinygo-dma
>
> 　Arduinoなどの環境では、DMAを含む各種最適化が行われたLovyanGFXというグラフィックライブラリがあります。TinyGoもこのライブラリを参考にしつつ高速化を進めていくことが検討されています。
>
> 　🔍 **github.com/lovyan03/LovyanGFX**
> 　https://github.com/lovyan03/LovyanGFX

ネットワークに
接続する

本章では Wio Terminal からネットワークに
接続する方法を説明します。メインのマイコ
ンとは別に RTL8720DN というマイコンが
ネットワーク処理を担っています。

01 Section TinyGoの ネットワーク機能

　ネットワーク機能を搭載したターゲットボードはいくつかありますが、大きく分けて2種類です。1つはメインのマイコンとは別にネットワーク接続機能を有するマイコンなどが搭載されていて、メインのマイコンから操作するものです。もう1つが、ネットワーク接続機能を有するマイコンを直接制御するものです。

　Wio Terminalは前者に該当します。また、TinyGo 0.26時点では後者には対応していません。

ネットワーク機能の搭載例

　TinyGoで対応しているネットワーク機能内蔵のサブマイコン、ファームウェアは以下の通りです。Wio Terminalは1番下のRTL8720DNを搭載した構成です。

TinyGoで対応しているネットワーク機能内蔵のサブマイコン、ファームウェア

マイコン名	firmware	備考
ESP32	espat	ATコマンドベース、TinyGoではWi-Fiのみ対応、BLE（※）非対応
ESP32	wifinina	SPIコマンドベース、TinyGoではWi-Fiのみ対応、BLE非対応
RTL8720DN	-	eRPC（UART）ベース、TinyGoではWi-Fiのみ対応、BLE非対応

※BLE：Bluetooth Low Energyの略。Bluetoothの規格の1つで、低消費電力の通信モードのこと

Wio Terminalに搭載のRTL8720DN

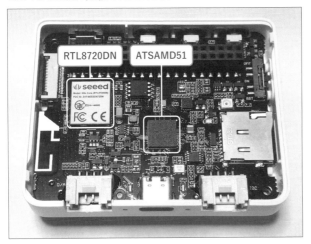

▼ RTL8720DNのファームウェアアップデート

　Wio Terminalに搭載されたRTL8720DNのファームウェアは、発売当初から大きく更新されています。サンプルコードを動かすためにはアップデートする必要があるため、環境ごとの手順を説明しますのでファームウェアをアップデートしましょう。Seeed社のWebサイトでも手順が公開されています。

🔎 Overview - Seeed Wiki
　https://wiki.seeedstudio.com/Wio-Terminal-Network-Overview/

▽ Windowsの場合
　以下のコマンドを任意の場所から実行します。eraseとflashはそれぞれ時間がかかります。完了するまでは待機してください。

```
$ git clone https://github.com/Seeed-Studio/ambd_flash_tool
$ cd ambd_flash_tool
$ ambd_flash_tool.exe erase
（時間がかかります）
$ ambd_flash_tool.exe flash
```

ネットワークに接続する **7**

▽ LinuxおよびmacOSの場合

以下のコマンドを任意の場所から実行します。eraseとflashはそれぞれ時間がかかるため、完了するまでは待機してください。また、実行にはpython3が必要です。環境によりコマンド名としてはpython3ではなくpythonに変更する必要があるかもしれません。

```
$ git clone https://github.com/Seeed-Studio/ambd_flash_tool
$ cd ambd_flash_tool
$ python3 ambd_flash_tool.py erase
 （時間がかかります）
$ python3 ambd_flash_tool.py flash
```

python3がインストールされていない場合は、以下のコマンドでインストールしてください。

```
# linux
$ sudo apt install python3 python3-pip
$ export PATH=$PATH:~/.local/bin

# macOS
$ brew install python3
```

▽ アップデートできていることを確認する

任意のフォルダにupdate_testフォルダを作り、確認用のソースコードである下記のmain.goを入れてください。以下をflashしたあと、シリアルポートに接続して、2.1.2以降のVersionが表示されれば正しくアップデートできています。

update_test/main.go

```
package main

import (
    "fmt"
    "time"

    "github.com/sago35/tinygo-examples/wioterminal/initialize"
)

func main() {
    rtl, err := initialize.SetupRTL8720DN()
    if err != nil {
```

```
        failMessage(err.Error())
    }

    ver, err := rtl.Version()
    if err != nil {
        failMessage(err.Error())
    }

    for {
        fmt.Printf("RTL8270DN Firmware Version: %s\r\n", ver)
        time.Sleep(10 * time.Second)
    }
}

func failMessage(str string) {
    for {
        fmt.Printf("%s\n", str)
        time.Sleep(5 * time.Second)
    }
}
```

なお、ビルドには go mod および go get が必要です。

```
$ go mod init main
$ go get github.com/sago35/tinygo-examples/wioterminal/initialize
```

以下のコマンドで Wio Terminal に書き込みます。

```
$ tinygo flash -target wioterminal ./update_test/main.go
```

実行結果

```
RTL8270DN Firmware Version: 2.1.2
```

Section 02 本章での ソースコード構成

本章では、TCPやUDPなどのプロトコルでネットワーク機能を使うサンプル
コードを紹介します。パソコンで動くGoのソースコードと、Wio Terminalで動く
TinyGoのソースコードがあるため、フォルダを分けてソースコードを管理してく
ださい。go modなどの手順を明確にするため、P.230で作成したフォルダを基準
として説明します。今の時点で以下の構成となっています。次節以降の各サンプル
コードは、update_testフォルダと同じ階層にフォルダを作成したうえで、指定し
たフォルダに入れるようにしましょう。

```
├── go.mod
├── go.sum
└── update_test
    └── main.go
```

go.modは、以下のコマンドで生成しています。go getが追加で必要となる場合
は、都度説明します。

```
$ go mod init main
$ go get github.com/sago35/tinygo-examples/wioterminal/initialize
```

サンプルコードはgo.modのあるフォルダから**tinygo flash -target wioterminal
./update_test**などのコマンドでWio Terminalに書き込みます。書き込み後の実行結
果はシリアルポートに**RTL8270DN Firmware Version: 2.1.2**と表示されます。以降の
説明では、tinygo flashコマンドは実行結果の1行目に記載します。シリアル通信で
出力される実行結果は2行目以降に記載します。

実行結果（以降のページでの書き方）

```
$ tinygo flash -target wioterminal ./update_test ─────── 実行するコマンド
RTL8270DN Firmware Version: 2.1.2 ─────────────────────── シリアル通信で出力される
```

03
Section

ネットワーク内のアクセ スポイントに接続する

ConnectToAccessPointを用いてアクセスポイントに接続できます。Wio Terminalに搭載されているRTL8720DNは802.11 a／b／g／n 1x1に対応しており、2.4GHz以外に5GHzのアクセスポイントにも接続することができます。

tinygo.org/x/drivers/rtl8720dn/adapter.go

```
// ssidとpassを使用してアクセスポイントに接続する
// タイムアウト時間は現状実装されていない
func (r *RTL8720DN) ConnectToAccessPoint(ssid, pass string, timeout time.Duration)
error
```

アクセスポイント接続のソースコードは以下の通りです。P.230で作成したフォルダにaccess_test/main.goというファイル名で作成して下さい。ssidとpasswordはお使いの環境に合わせて、初期値を設定してください。

access_test/main.go

```
package main

import (
    "fmt"
    "time"

    "github.com/sago35/tinygo-examples/wioterminal/initialize"
)

var (
    ssid     string // 設定が必要
    password string // 設定が必要
)

func main() {
    //initialize.Debug(true)
    rtl, err := initialize.SetupRTL8720DN()
    if err != nil {
        failMessage(err.Error())
    }
```

7

ネットワークに接続する

```
    err = rtl.ConnectToAccessPoint(ssid, password, 10*time.Second)
    if err != nil {
        failMessage(err.Error())
    }

    ip, subnet, gateway, err := rtl.GetIP()
    if err != nil {
        failMessage(err.Error())
    }
    for {
        fmt.Printf("IP Address : %s\r\n", ip)
        fmt.Printf("Mask       : %s\r\n", subnet)
        fmt.Printf("Gateway    : %s\r\n", gateway)
        time.Sleep(10 * time.Second)
    }
}

func failMessage(str string) {
    for {
        fmt.Printf("%s\n", str)
        time.Sleep(5 * time.Second)
    }
}
```

以下のコマンドでWio Terminalに書き込みます。IP Addressなどが表示されない場合は、SSIDなどを確認してください。

```
$ tinygo flash -target wioterminal ./access_test/
IP Address : 192.168.1.111
Mask       : 255.255.255.0
Gateway    : 192.168.1.1
```

上記では、initialize.Debug(true)がコメントアウトされています。これを有効にすると、RTL8720DNとのやり取りがシリアルに出力されます。適宜//を外して出力を確認してみてください。

```
//initialize.Debug(true)
```

▼ ssidとpasswordの設定方法

直接コードを変更する以外に、2つの設定方法があります。お勧めはinit()を使って埋め込む方法です。

▽ init()を使って埋め込む

別のソースコードに以下のようなコードを実装し、your_ssidとyour_passwordを書き替えます。例えばssid_init.goのようなファイル名にするとよいでしょう。init()により、ssidおよびpasswordが上書きされます。新しくソースコードを書く場合も、ssid_init.goをファイルコピーするだけで動かすことができます。

access_test/ssid_init.go

```
package main

func init() {
    ssid = "your_ssid"
    password = "your_password"
}
```

ただしこの方法を用いて実行する場合、ファイル指定でのtinygo buildやtinygo flashを実行するときに注意が必要です。

例えば、先ほどのaccess_test/main.goのssidおよびpasswordを、access_test/ssid_init.goで上書きをするとします。ファイル指定でのtinygo flash ./access_test/server.goを実行した場合、ssid_init.goは読み込んでくれません。そのため、以下のようにフォルダを指定する必要があります。

```
# ファイルを指定した場合、指定したファイル（main.goのみ）のみがビルドされる
$ tinygo flash -target wioterminal ./access_test/main.go

# フォルダを指定するとフォルダ内のすべてのファイルがビルドされる
$ tinygo flash -target wioterminal ./access_test
```

通常のGoでは`go run ./access_test/main.go ./access_test/ssid_init.go`のように複数ファイル指定できます。TinyGo 0.26時点では複数ファイル指定には制限があるためフォルダを指定してください。

7

ネットワークに接続する

▽ **-ldflagsを使って埋め込む**

　tinygo buildやtinygo flash時に、-ldflags を使うことで値を埋め込むことができます。

```
$ tinygo flash --target wioterminal -ldflags="-X 'main.ssid=your_ssid' -X 'main.
password=your_password'" ./access_test
```

　TinyGoで-ldflagsを使うときの注意点ですが、初期値付きの変数宣言をした場合、-ldflagsによる埋め込みができません。Goで-ldflagsを使う場合は、初期値の有無に関わらず埋め込みが可能であるため、いずれTinyGoでも修正されるものと思われます。

```
// 初期値が無い場合は埋め込むことができる
var ssid string

// 初期値がある場合はTinyGoからは埋め込むことができない
var password string = ""
```

04 ネットワーク接続の
Section セットアップ

　ネットワークに接続するためのソースコードを毎回用意するのは大変なので、以下に initialize package を作成しました。P.233の例でも initialize package を使用しています。主要な関数は以下の通りです。

7

ネットワークに接続する

github.com/sago35/tinygo-examples/wioterminal/initialize/rtl8720dn.go

```go
// RTL8720DNの初期設定を行います
// 通常はアクセスポイントへの接続も実施する以下の関数Wifiを使うとよいです
func SetupRTL8720DN() (*rtl8720dn.Driver, error)

// RTL8720DNの初期設定とアクセスポイントへの接続を行います
// tinygo.org/x/drivers/netやtinygo.org/x/drivers/net/httpを使うための設定を行います
// NTP経由でマイコン内蔵時計の時刻を合わせます
func Wifi(ssid, pass string, timeout time.Duration) (*rtl8720dn.Driver, error)

// アクセスポイントに接続済かどうかを返します
func Connected() bool

// IPアドレスを返します
func IP() rtl8720dn.IPAddress

// サブネットマスクを返します
func Subnet() rtl8720dn.IPAddress

// デフォルトゲートウェイを返します
func Gateway() rtl8720dn.IPAddress

// HTTPSアクセス用のRootCAを設定します
func SetRootCA(s *string)

// デバッグモードを有効にします
// 主にRTL8720DNとのやり取りの確認に使用します
func Debug(b bool)
```

　この initialize.Wifi() を使うことでスムーズにネットワークを使ったソースコードを書くことができます。

▼ initialize.Wifi()の動作を確認する

　以下の例では、tinygo.org/x/drivers/net/httpを使ってhttp.Get()を実行してい
ます。P.230で作成したフォルダ（update_testフォルダがある階層）にinit_test/
main.goというファイル名で作成してください。詳細は後述しますので、実行結果
と同様の結果が得られるかを試してみましょう。

init_test/main.go

```go
package main

import (
    "io"
    "log"
    "os"
    "time"

    "github.com/sago35/tinygo-examples/wioterminal/initialize"
    "tinygo.org/x/drivers/net/http"
)

var (
    ssid     string // 設定が必要
    password string // 設定が必要
)

func main() {
    //initialize.Debug(true)
    _, err := initialize.Wifi(ssid, password, 10*time.Second)
    if err != nil {
        log.Fatal(err)
    }

    for i := 0; i < 10; i++ {
        err = run()
        if err != nil {
            log.Fatal(err)
        }
        time.Sleep(10 * time.Second)
    }

    select {}
}

func run() error {
    res, err := http.Get("http://tinygo.org")
    if err != nil {
        return err
```

```
    }

    io.Copy(os.Stdout, res.Body)
    res.Body.Close()
    println("\r")
    return nil
}
```

　以下のコマンドでWio Terminalに書き込みます。実行結果は以下の通りです。tinygo.org/x/drivers/net/httpはリダイレクトを追跡しないため、以下の表示が正常です。

実行結果

```
$ tinygo flash -target wioterminal ./init_test
Redirecting to https://tinygo.org/
```

▼ 対応しているネットワークプロトコル

　TinyGoは以下のネットワークプロトコルに対応しています。次節以降でそれぞれの使い方を説明します。

- ・TCP
- ・UDP
- ・NTP
- ・MQTT
- ・HTTP/HTTPS

05 TCP

Section

TCPはTransmission Control Protocolの略でトランスポート層のプロトコルです。コネクション型のプロトコルで、最初に接続してから通信し、通信終了後に切断する形でやり取りします。

▼ TCPをGoから使う

まずはパソコン上のGoでサーバーとクライアントを実装してみます。そのあと、Wio Terminalからもアクセスしてみます。先にGoで、受信したメッセージをそのまま送り返す単純なTCPのエコーサーバーを実装します。serverIPおよびportは環境に合わせて設定してください。

tcp-go/server.go

```go
package main

import (
    "fmt"
    "log"
    "net"
)

var (
    serverIP string // 設定が必要（例: `192.168.1.102`）
    port     int    // 設定が必要（例: 8088）
)

func main() {
    conn, err := net.Listen(`tcp`, fmt.Sprintf("%s:%d", serverIP, port))
    if err != nil {
        log.Fatal(err)
    }
    defer conn.Close()

    fmt.Printf("listen: %s:%d\n", serverIP, port)
    for {
        conn, err := conn.Accept()
```

```
        if err != nil {
            log.Fatal(err)
        }
        go handleRequest(conn)
    }
}

func handleRequest(conn net.Conn) {
    buf := make([]byte, 1024)
    n, _ := conn.Read(buf)
    fmt.Printf("from client: %q\r\n", string(buf[:n]))
    // 受信したメッセージを返す
    conn.Write(buf[:n])
    conn.Close()
}
```

このサーバーに接続するクライアントも Go で実装してみます。serverIP と port も忘れずに設定してください。

tcp-go/client.go

```
package main

import (
    "fmt"
    "io"
    "log"
    "net"
    "os"
)

var (
    serverIP string // 設定が必要（例: `192.168.1.102`）
    port     int    // 設定が必要（例: 8088）
)

func main() {
    conn, err := net.Dial("tcp", fmt.Sprintf("%s:%d", serverIP, port))
    if err != nil {
        log.Fatal(err)
    }
    // サーバーに送信する
    fmt.Fprintf(conn, "hello from go\r\n")
    // サーバーからの受信を標準出力に書き出す
    io.Copy(os.Stdout, conn)
    conn.Close()
}
```

go run ./tcp-go/server.goでサーバー側のGoを実行し、別のシェル（コマンド
プロンプト／ターミナル）を開いてgo run ./tcp-go/client.goでクライアント側
を実行すると、以下のように表示されるはずです。

```
$ go run ./tcp-go/server.go
listen: 192.168.1.102:8088
from client: "hello from go\r\n"
```

```
$ go run ./tcp-go/client.go
hello from go
```

▼ TCPをTinyGoから使う

次にWio Terminalから実行してみます。TinyGoではGo標準のnet packageでは
なく、tinygo.org/x/drivers/netを使う必要があります。それ以外はGoのソースコー
ドと大きくは変わりません。net.DialTCP()により接続し、得られたconnを使って
通信します。conn.Write()で送信し、conn.Read()で受信することができます。

tcp-tinygo/wioterminal.go

```
package main

import (
    "fmt"
    "log"
    "time"

    "github.com/sago35/tinygo-examples/wioterminal/initialize"
    "tinygo.org/x/drivers/net"
)

var (
    ssid     string // 設定が必要
    password string // 設定が必要
)

func main() {
    //initialize.Debug(true)
    _, err := initialize.Wifi(ssid, password, 10*time.Second)
    if err != nil {
        log.Fatal(err)
```

```go
    }

    err = run()
    if err != nil {
        log.Fatal(err)
    }

    select {}
}

var (
    serverIP string // 設定が必要（例: `192.168.1.102`）
    port     int    // 設定が必要（例: 8088）
)

func run() error {
    fmt.Printf("connect to %s:%d\r\n", serverIP, port)
    ip := net.ParseIP(serverIP)
    raddr := &net.TCPAddr{IP: ip, Port: port}
    laddr := &net.TCPAddr{Port: port}

    conn, err := net.DialTCP("tcp", laddr, raddr)
    for ; err != nil; conn, err = net.DialTCP("tcp", laddr, raddr) {
        time.Sleep(5 * time.Second)
    }

    if _, err = conn.Write([]byte("hello from tinygo\r\n")); err != nil {
        return err
    }

    buf := [1024]byte{}
    n := int(0)
    for {
        n, err = conn.Read(buf[:])
        if err != nil {
            return err
        }
        if n > 0 {
            break
        }
    }
    fmt.Printf("from server: %q\r\n", string(buf[:n]))

    fmt.Printf("Disconnecting TCP\r\n")
    conn.Close()

    return nil
}
```

7

ネットワークに接続する

`go run ./tcp-go/server.go`でサーバー側を実行している状態で、`tinygo flash`でWio Terminalに書き込んでみましょう。

　うまくいけば以下のように表示されます。通信までに長い時間がかかりますが、これはRTL8720DNの初期化とネットワーク接続を都度実施しているためです。パソコンでもネットワークを再接続してから通信しようとすると、ある程度時間がかかります。

実行結果(サーバー側：パソコン)

```
$ go run ./tcp-go/server.go
listen: 192.168.1.102:8088
from client: "hello from tinygo\r\n"
```

実行結果(クライアント側：Wio Terminal)

```
$ tinygo flash --target wioterminal ./tcp-tinygo
connect to 192.168.1.102:8088
from server: "hello from tinygo\r\n"
Disconnecting TCP
```

06 UDP
Section

UDPはUser Datagram Protocolの略で、トランスポート層のプロトコルです。TCPとは異なり、接続する必要がないこと、再送制御などがないのが特徴です。TCPの例と同じく、まずはパソコン上のGoで作成し、そのあとWio Terminalでも動かします。

▼ UDPをGoから使う

まずはサーバー側から実装します。指定したポートをUDPで待ち受けて、受信があれば表示します。

udp-go/server.go

```go
package main

import (
    "fmt"
    "log"
    "net"
)

var (
    port int // 設定が必要 (例: 8088)
)

func main() {
    addr, _ := net.ResolveUDPAddr("udp", fmt.Sprintf(":%d", port))
    conn, err := net.ListenUDP("udp", addr)
    if err != nil {
        log.Fatal(err)
    }
    fmt.Printf("listen: :%d\n", port)
    buf := [1024]byte{}
    for {
        n, _, _ := conn.ReadFromUDP(buf[:])
        fmt.Printf("from client: %q\r\n", string(buf[:n]))
    }
}
```

続いて、クライアント側の実装です。サブネット内のすべてのノードの指定したポートにメッセージを送信します。

```go
package main

import (
    "fmt"
    "net"
    "time"
)

var (
    port int // 設定が必要（例: 8088）
)

func main() {
    conn, _ := net.Dial("udp", fmt.Sprintf("255.255.255.255:%d", port))
    for i := 0; i < 3; i++ {
        fmt.Printf("send to 255.255.255.255:%d\n", port)
        fmt.Fprintf(conn, "udp from go %d\r\n", i)
        time.Sleep(1 * time.Second)
    }
    conn.Close()
}
```

P.242 と同様に、udp-go/server.go と udp-go/client.go をそれぞれ実行してください。以下のように表示されるはずです。

実行結果（サーバー側：パソコン）

```
$ go run ./udp-go/server.go
listen: :8088
from client: "udp from go 0\r\n"
from client: "udp from go 1\r\n"
from client: "udp from go 2\r\n"
```

実行結果（クライアント側：パソコン）

```
$ go run ./udp-go/client.go
send to 255.255.255.255:8088
send to 255.255.255.255:8088
send to 255.255.255.255:8088
```

▼ UDPをTinyGoから使う

続いて Wio Terminal から実行してみます。TCP の例と同じく、conn.Write() で
送信し、conn.Read() で受信できます。今回は送信側に fmt.Fprintf() を使用しま
した。エラーチェックはできませんが、手軽に送信が可能です。受信側は今の所、
bufio.Scanner などを使用できないため、conn.Read() を使って受信データ長の
チェックが必要です。将来的には、bufio.Scanner などで手軽に実装することがで
きるようになるはずです。

udp-tinygo/wioterminal.go

```go
package main

import (
    "fmt"
    "log"
    "time"

    "github.com/sago35/tinygo-examples/wioterminal/initialize"
    "tinygo.org/x/drivers/net"
)

var (
    ssid     string // 設定が必要
    password string // 設定が必要
)

func main() {
    //initialize.Debug(true)
    _, err := initialize.Wifi(ssid, password, 10*time.Second)
    if err != nil {
        log.Fatal(err)
    }

    err = run()
    if err != nil {
        log.Fatal(err)
    }

    select {}
}

var (
    port int // 設定が必要（例: 8088）
)

func run() error {
```

```go
    ip := net.ParseIP("255.255.255.255")
    raddr := &net.UDPAddr{IP: ip, Port: port}
    laddr := &net.UDPAddr{Port: port}

    conn, err := net.DialUDP("udp", laddr, raddr)
    for ; err != nil; conn, err = net.DialUDP("udp", laddr, raddr) {
        time.Sleep(5 * time.Second)
    }

    // 3回送信する
    for i := 0; i < 3; i++ {
        fmt.Printf("send to 255.255.255.255:%d\r\n", port)
        fmt.Fprintf(conn, "udp from tinygo %d\r\n", i)
        time.Sleep(1 * time.Second)
    }

    // 受信を待ち受ける
    fmt.Printf("listen : %d\r\n", port)
    buf := [1024]byte{}
    for {
        n := int(0)
        for {
            n, err = conn.Read(buf[:])
            if err != nil {
                return err
            }
            if n > 0 {
                break
            }
            time.Sleep(5 * time.Millisecond)
        }
        fmt.Printf("recv: %q\r\n", string(buf[:n]))
    }

    conn.Close()
    return nil
}
```

go run ./udp-go/server.goでサーバー側を実行している状態で、tinygo flash
でWio Terminalに書き込んでみましょう。

```
$ go run ./udp-go/server.go
listen: :8088
from client: "udp from tinygo 0\r\n"
from client: "udp from tinygo 1\r\n"
from client: "udp from tinygo 2\r\n"
```

```
$ tinygo flash --target wioterminal ./udp-tinygo
send to 255.255.255.255:8088
send to 255.255.255.255:8088
send to 255.255.255.255:8088
listen : 8088
```

7
ネットワークに接続する

　ここでWio Terminalが受信待ちになっているので、今度はクライアント側のGo
実装 (P.246のudp-go/client.go) を実行します。結果は以下の通りです。

```
$ go run ./udp-go/client.go
send to 255.255.255.255:8088
send to 255.255.255.255:8088
send to 255.255.255.255:8088
```

```
recv: "udp from go 0\r\n"
recv: "udp from go 1\r\n"
recv: "udp from go 2\r\n"
```

07 NTP
Section

　NTPはNetwork Time Protocolの略で、時刻同期のためのプロトコルです。通信にはUDPを使用します。NTPで取得した時刻を元にruntime.AdjustTimeOffset()を呼び出すことで内部の時間がNTPに同期します。同期したあとはtime.Now()が正しい時間を返すようになります。後述のHTTP／HTTPSでサーバーにアクセスするときに、正確な時刻が必要になるケースがありますが、そのようなときにNTPを使うことができます。

▼ NTPをTinyGoから使う

　NTPのソースコードはtinygo.org/x/driversにあるので、主要部を抜粋します。どのようなやり取りがあるかは、ソースコードを確認してください。

tinygo.org/x/drivers/examples/rtl8720dn/ntpclient/main.go

```
for {
    // send data
    println("Requesting NTP time...")
    t, err := getCurrentTime(conn)
    if err != nil {
        message("Error getting current time: %v", err)
    } else {
        message("NTP time: %v", t)
    }
    runtime.AdjustTimeOffset(-1 * int64(time.Since(t)))
    for i := 0; i < 10; i++ {
        message("Current time: %v", time.Now())
        time.Sleep(1 * time.Second)
    }
}
```

　上記のgetCurrentTime()でUDP送信およびUDP受信を行い、現在時刻を取得します。それをruntime.AdjustTimeOffset()に適用することで、マイコン内の時間をNTPに同期することができます。

以下の手順で書き込むことができます。your_ssid および your_password は環境に合わせて設定してください。NTP の例では、main.password ではなく main.pass となるので注意してください。

```
$ go mod init main
$ go get tinygo.org/x/drivers
$ go get golang.org/x/net/http/httpguts
```

```
$ tinygo flash --target wioterminal \
    -ldflags="-X 'main.ssid=your_ssid' -X 'main.pass=your_password'" \
    tinygo.org/x/drivers/examples/rtl8720dn/ntpclient
IP Address : 192.168.1.111
Mask       : 255.255.255.0
Gateway    : 192.168.1.1
Requesting NTP time...
NTP time: 2022-07-19 02:51:22 +0000 UTC
Current time: 2022-07-19 02:51:22 +0000 UTC m=+14.377349854
Current time: 2022-07-19 02:51:23.000488281 +0000 UTC m=+15.377838135
Current time: 2022-07-19 02:51:24.001098633 +0000 UTC m=+16.378448487
```

7

ネットワークに接続する

上記では UTC の時刻での表示となっています。日本時間で表示するにはソースコードのどこかで time.Local の設定を行ってください。ソースコード例は以下の通りです。

```
time.Local = time.FixedZone("Asia/Tokyo", 9*60*60)
```

08 MQTT
Section

MQTTはMessage Queuing Telemetry Transportの略で、TCP/IPを用いたPub/Sub型の軽量プロトコルです。Pub/Subにより、非同期に一対多の通信ができる点が特徴です。すべてのClientは、MQTT Brokerと通信をすることになり、Client同士では通信を行いません。MQTTではMQTT Brokerに送信するClientをPublisher、MQTT Brokerから受信するClientをSubscriberと呼び、常にMQTT Brokerを通して通信を行います。Publishするときと、SubscribeするときにはそれぞれTopicを指定することができ、それによりメッセージを識別することができます。

MQTTの構成

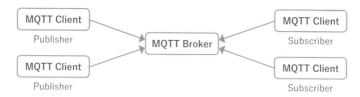

▼ MQTTをGoから使う

まずはパソコン上のGoで作成し、そのあとWio Terminalでも動かします。PublisherとSubscriberの両方がないと成立しないため、ソースコード例をまとめて記載します。以下ではBrokerとしてtest.mosquitto.org、Topicとしてtinygobookを使用しています。

mqttsub-go/mqttsub.go

```
package main

import (
    "crypto/rand"
    "fmt"
    "log"
```

```
        mqtt "github.com/eclipse/paho.mqtt.golang"
)

var (
    broker    = "tcp://test.mosquitto.org:1883"
    topic     = "tinygobook"
    clientfmt = "tinygobook-sub-%X"
)

func subHandler(client mqtt.Client, msg mqtt.Message) {
    fmt.Printf("%s : %s\n", msg.Topic(), msg.Payload())
}

func main() {
    // ClientIDのためのランダム値を生成する
    var rndbuf [4]byte
    rand.Read(rndbuf[:])

    opts := mqtt.NewClientOptions().AddBroker(broker)
    opts.SetClientID(fmt.Sprintf(clientfmt, rndbuf))

    c := mqtt.NewClient(opts)
    if token := c.Connect(); token.Wait() && token.Error() != nil {
        log.Fatal(token.Error())
    }

    // Subscribe時の処理はgoroutineで実行されるためselectで待つ
    token := c.Subscribe(topic, 0, subHandler)
    token.Wait()
    select {}
}
```

7
ネットワークに接続する

　ここでは、文字列をPublishしています。MQTTでは送るデータに対しての規定はないため、形式は自由です。容量削減の意味では単純なバイナリを、わかりやすさや組み合わせやすさの観点ではJSONを使うなど、ある程度自由に選ぶことができます。

mqttpub-go/mqttpub.go

```
package main

import (
    "crypto/rand"
    "fmt"
    "log"
    "time"
```

```
    mqtt "github.com/eclipse/paho.mqtt.golang"
)

var (
    broker    = "tcp://test.mosquitto.org:1883"
    topic     = "tinygobook"
    clientfmt = "tinygobook-pub-%X"
)

func main() {
    // ClientIDのためのランダム値を生成する
    var rndbuf [4]byte
    rand.Read(rndbuf[:])

    opts := mqtt.NewClientOptions().AddBroker(broker)
    opts.SetClientID(fmt.Sprintf(clientfmt, rndbuf))

    c := mqtt.NewClient(opts)
    if token := c.Connect(); token.Wait() && token.Error() != nil {
        log.Fatal(token.Error())
    }
    defer c.Disconnect(250)

    for i := 1; ; i++ {
        // MQTTにPublish(送信)する
        text := fmt.Sprintf("mqtt from go %X %d", rndbuf, i)
        fmt.Printf("send : %s\n", text)
        token := c.Publish(topic, 0, false, text)
        token.Wait()
        time.Sleep(5 * time.Second)
    }
}
```

ビルドと実行には追加の go get が必要です。

```
$ go get github.com/eclipse/paho.mqtt.golang
```

　次のように Subscriber と Publisher それぞれを立ち上げます。Publisher を立ち
上げると Subscriber 側にメッセージが伝わることがわかります。
　ログ中の A33B87A8 は ClientID に付与しているランダム文字列です。これは
MQTT Broker に対して ClientID をユニークに設定する必要があるために設定し
ていますが、送信元を特定することにも使用できます。もし、誰かほかの人が同
じ Topic である tinygobook を使用している場合、意図しないメッセージも含めて
Subscribe してしまいますが、これは期待している動作のため問題はありません。

```
$ go run ./mqttsub-go/
tinygobook : mqtt from go A33B87A8 1
tinygobook : mqtt from go A33B87A8 2
```

```
$ go run ./mqttpub-go/
send : mqtt from go A33B87A8 1
send : mqtt from go A33B87A8 2
```

▼ MQTTをTinyGoから使う（Publisher側）

次にPublisherをWio Terminalから実行してみます。mqtt用のpackageが
tinygo.org/x/drivers/net/mqttになっていること、RTL8720DNの初期化などが必
要である以外はほぼ同じ実装になります。

mqttpub-tinygo/wioterminal.go

```go
package main

import (
    "crypto/rand"
    "fmt"
    "log"
    "time"

    "github.com/sago35/tinygo-examples/wioterminal/initialize"
    "tinygo.org/x/drivers/net/mqtt"
)

var (
    ssid     string // 設定が必要
    password string // 設定が必要
)

func main() {
    //initialize.Debug(true)
    _, err := initialize.Wifi(ssid, password, 10*time.Second)
    if err != nil {
        log.Fatal(err)
    }

    err = run()
    if err != nil {
```

7 ネットワークに接続する

```
        log.Fatal(err)
    }

    select {}
}

var (
    broker   = "tcp://test.mosquitto.org:1883"
    topic    = "tinygobook"
    clientfmt = "tinygo-client-%X"
)

func run() error {
    // ClientIDのためのランダム値を生成する
    var rndbuf [4]byte
    rand.Read(rndbuf[:])

    opts := mqtt.NewClientOptions().AddBroker(broker)
    opts.SetClientID(fmt.Sprintf(clientfmt, rndbuf))

    c := mqtt.NewClient(opts)
    if token := c.Connect(); token.Wait() && token.Error() != nil {
        return token.Error()
    }
    defer c.Disconnect(250)

    for i := 1; ; i++ {
        // MQTTにPublish(送信)する
        text := fmt.Sprintf("mqtt from tinygo %X %d", rndbuf, i)
        fmt.Printf("send : %s\r\n", text)
        token := c.Publish(topic, 0, false, text)
        token.Wait()
        time.Sleep(5 * time.Second)
    }
    return nil
}
```

go getが必要となりますので、忘れずに実行しましょう。

```
$ go get tinygo.org/x/drivers/net/mqtt
```

Wio TerminalをPublisherに、パソコンをSubscriberとした場合のログは以下の通りです。

実行結果(Publisher側：Wio Terminal)

```
$ tinygo flash --target wioterminal ./mqttpub-tinygo/
send : mqtt from tinygo D8BC2448 1
send : mqtt from tinygo D8BC2448 2
```

実行結果(Subscriber側：パソコン)

```
$ go run ./mqttsub-go/
tinygobook : mqtt from tinygo D8BC2448 1
tinygobook : mqtt from tinygo D8BC2448 2
```

▼ MQTTをTinyGoから使う(Subscriber側)

最後にSubscriberをWio Terminalから実行してみます。こちらもPublisherの
ソースコードと同じく、ほとんどパソコン用のソースコードと同じです。

mqttsub-tinygo/wioterminal.go

```go
package main

import (
    "crypto/rand"
    "fmt"
    "log"
    "time"

    "github.com/sago35/tinygo-examples/wioterminal/initialize"
    "tinygo.org/x/drivers/net/mqtt"
)

var (
    ssid     string // 設定が必要
    password string // 設定が必要
)

func main() {
    //initialize.Debug(true)
    _, err := initialize.Wifi(ssid, password, 10*time.Second)
    if err != nil {
        log.Fatal(err)
    }

    err = run()
    if err != nil {
        log.Fatal(err)
    }
}
```

```
    select {}
}

var (
    broker    = "tcp://test.mosquitto.org:1883"
    topic     = "tinygobook"
    clientfmt = "tinygo-client-%X"
)

func subHandler(client mqtt.Client, msg mqtt.Message) {
    fmt.Printf("%s : %s\r\n", msg.Topic(), msg.Payload())
}

func run() error {
    // ClientIDのためのランダム値を生成する
    var rndbuf [4]byte
    rand.Read(rndbuf[:])

    opts := mqtt.NewClientOptions().AddBroker(broker)
    opts.SetClientID(fmt.Sprintf(clientfmt, rndbuf))

    c := mqtt.NewClient(opts)
    if token := c.Connect(); token.Wait() && token.Error() != nil {
        return token.Error()
    }

    // Subscribe時の処理はgoroutineで実行されるためselectで待つ
    token := c.Subscribe(topic, 0, subHandler)
    token.Wait()

    return nil
}
```

　Wio TerminalをSubscriberに、パソコンをPublisherにした場合のログは以下の通りです。

実行結果(Subscriber側：Wio Terminal)

```
$ tinygo flash --target wioterminal ./mqttsub-tinygo/
tinygobook : mqtt from go 2E0960F1 1
tinygobook : mqtt from go 2E0960F1 2
```

実行結果(Publisher側：パソコン)

```
$ go run ./mqttpub-go/
send : mqtt from go 2E0960F1 1
send : mqtt from go 2E0960F1 2
```

もし Wio Terminal を複数持っている場合は Subscriber、Publisher ともに Wio Terminal から実行することもできます。是非試してみてください。

Column ## MQTTダッシュボードを作る

温度や湿度などのデータは文字ベースで見るよりもダッシュボードで確認したほうがわかりやすいです。さまざまなサービスがありますが、ローカルでも簡単に実行可能な選択肢の1つとしてNode-REDがあります。

⌕Node-RED日本ユーザ会
```
https://nodered.jp/
```

以下のような画面をGUIベースで操作するだけで簡単に作ることができるので、是非試してみてください。

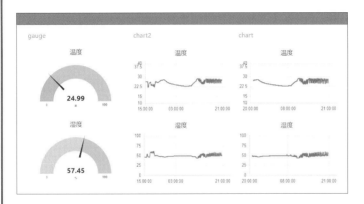

上記に対応するNode-REDの設定は以下です。

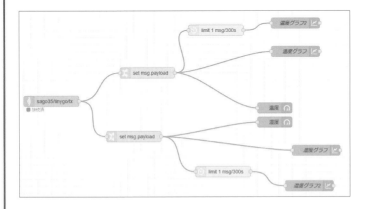

7 ネットワークに接続する

09 HTTP／HTTPS
Section

　HTTPはHypertext Transfer Protocolの略で、主にWebページをやり取りする際に使われるプロトコルです。これらの通信をTLSで暗号化したものがHTTPSです。HTTPのサーバー、クライアントともにGoで簡単に実装することができます。他のプロトコル同様、まずはパソコン上のGoで実装しそのあとWio Terminalで動かします。

▼ HTTPをGoから使う

　サーバー側実装は以下の通りです。アクセスがあれば、「hello 1」のようなメッセージを返します。サーバーを立ち上げた状態でブラウザからアクセスして動作を確認することができます。

http-server-go/server.go

```go
package main

import (
    "fmt"
    "log"
    "net/http"
)

var (
    addr string // 設定が必要（例: `192.168.1.102:8088`)
    cnt  = 0
)

func handler(w http.ResponseWriter, req *http.Request) {
    cnt++
    fmt.Fprintf(w, "hello %d", cnt)
    fmt.Printf("%d %#v\n", cnt, req.UserAgent())
}

func main() {
    fmt.Printf("listen: %s\n", addr)
    http.HandleFunc("/", handler)
```

```
    log.Fatal(http.ListenAndServe(addr, nil))
}
```

クライアント側実装は以下の通りです。server のアドレスは適宜変更してください。

http-client-go/client.go

```go
package main

import (
    "fmt"
    "io"
    "log"
    "net/http"
)

var (
    addr string // 設定が必要（例：`192.168.1.102:8088`）
)

func main() {
    res, err := http.Get(fmt.Sprintf("http://%s/", addr))
    if err != nil {
        log.Fatal(err)
    }

    body, err := io.ReadAll(res.Body)
    res.Body.Close()
    if err != nil {
        log.Fatal(err)
    }
    fmt.Printf("%s", body)
}
```

実行結果は以下の通りです。

実行結果(サーバー側：パソコン)

```
$ go run ./http-server-go/
listen: 192.168.1.102:8088
1 "Go-http-client/1.1"
```

実行結果(クライアント側：パソコン)

```
$ go run ./http-client-go/
hello 1
```

7

ネットワークに接続する

▼ HTTPをTinyGoから使う（クライアント側）

次にクライアント側をWio Terminalで実装してみます。net/httpではなくtinygo. org/x/drivers/net/httpをimportしていることに注意してください。それ以外は今までのソースコードの初期化部と同じです。

```
                                              http-client-tinygo/wioterminal.go
package main

import (
    "fmt"
    "io"
    "log"
    "time"

    "github.com/sago35/tinygo-examples/wioterminal/initialize"
    "tinygo.org/x/drivers/net/http"
)

var (
    ssid     string // 設定が必要
    password string // 設定が必要
)

func main() {
    //initialize.Debug(true)
    _, err := initialize.Wifi(ssid, password, 10*time.Second)
    if err != nil {
        log.Fatal(err)
    }

    err = run()
    if err != nil {
        log.Fatal(err)
    }

    select {}
}

var (
    addr string // 設定が必要（例: `192.168.1.102:8088`）
)

func run() error {
    res, err := http.Get(fmt.Sprintf("http://%s/", addr))
    if err != nil {
        return err
    }
```

```
    body, err := io.ReadAll(res.Body)
    res.Body.Close()
    if err != nil {
        return err
    }
    fmt.Printf("%s\r\n", body)

    return nil
}
```

うまく実装できていれば、以下のように表示されます。

実行結果(サーバー側：パソコン)

```
$ go run ./http-server-go/
listen: 192.168.1.102:8088
1 "TinyGo"
```

実行結果(クライアント側：Wio Terminal)

```
$ tinygo flash --target wioterminal ./http-client-tinygo/
hello 1
```

▼ HTTPをTinyGoから使う(サーバー側)

続いてサーバー側をWio Terminalに実装してみます。initialize.IP().String()により IPアドレス取得部が追加されていることに注意してください。それ以外はサーバー側もGoと同じ形で書くことができます。

http-server-tinygo/wioterminal.go

```
package main

import (
    "fmt"
    "log"
    "time"

    "github.com/sago35/tinygo-examples/wioterminal/initialize"
    "tinygo.org/x/drivers/net/http"
)

var (
```

```go
    ssid     string // 設定が必要
    password string // 設定が必要
)

func main() {
    //initialize.Debug(true)
    _, err := initialize.Wifi(ssid, password, 10*time.Second)
    if err != nil {
        log.Fatal(err)
    }

    err = run()
    if err != nil {
        log.Fatal(err)
    }

    select {}
}

var (
    cnt = 0
)

func handler(w http.ResponseWriter, req *http.Request) {
    cnt++
    fmt.Fprintf(w, "hello %d", cnt)
    fmt.Printf("%d %#v\r\n", cnt, req.UserAgent())
}

func run() error {
    fmt.Printf("listen: %s:80\r\n", initialize.IP().String())
    http.HandleFunc("/", handler)
    return http.ListenAndServe(":80", nil)
}
```

　Goのプログラム、もしくはブラウザなどでアクセスして動作を確認してください。アクセスするためのアドレス情報はシリアルポート上に表示されるので、http-client-go/client.goの設定も変更しておいてください。

実行結果(サーバー側：Wio Terminal)

```
$ tinygo flash --target wioterminal ./http-server-tinygo/
listen: 192.168.1.111:80
1 "Go-http-client/1.1"
```

実行結果(クライアント側：パソコン)

```
$ go run ./http-client-go
hello 1
```

▼ HTTPSをTinyGoから使う

今までは暗号化されていないHTTPプロトコルのみでしたが、HTTPSアクセスも可能です。ただし、暗号強度やその他の原因によりアクセスできないサイトもあります。この辺りの状況はTinyGo環境の改善や、RTL8270DNのソフト更新により徐々に改善されていくと思います。

ここでは`https://httpbin.org/ip`へのアクセスを例として説明します。httpbin.orgはHTTP通信のさまざまな機能を試すためのエンドポイントを持つサイトです。今回使用する/ipはサーバーにアクセスした側のIPアドレス情報を表示します。

HTTPSアクセスのためには、http.Get()などを使用する前にinitialize.SetRootCA()を呼び出しておく必要があります。

SetRootCA()に渡す文字列は例えばhttpbin.orgの場合は以下の文字列です。

root_caの例

```
-----BEGIN CERTIFICATE-----
MIIEdTCCA12gAwIBAgIJAKcOSkw0grd/MA0GCSqGSIb3DQEBCwUAMGgxCzAJBgNV
BAYTALVTMSUwIwYDVQQKExxTdGFyZmllbGQgVGVjaG5vbG9naWVzLCBJbmMuMTIw
(省略)
59vPr5KW7ySaNRB6nJHGDn2Z9j8Z3/VyVOEVqQdZe4O/Ui5GjLIAZHYcSNPYeehu
VsyuLA0Q1xk4meTKCRLb/weWsKh/NEnfVqn3sF/tM+2MR7cwA130A4w=
-----END CERTIFICATE-----
```

この文字列は、以下のコマンドを実行することで入手できます。Windowsの場合はGitに付属のBashから実行してください。BEGIN CERTIFICATEからEND CERTIFICATEまでのブロックが複数回出力されますが、最後のものを使ってください。

```
$ openssl s_client -showcerts -verify 5 -connect httpbin.org:443 < /dev/null
```

HTTPの例と比べるとURLとSetRootCA()以外の変更はありません。

https-client-tinygo/wioterminal.go

```
package main
```

```go
import (
    "fmt"
    "io"
    "log"
    "time"

    "github.com/sago35/tinygo-examples/wioterminal/initialize"
    "tinygo.org/x/drivers/net/http"
)

var (
    ssid     string // 設定が必要
    password string // 設定が必要
)

func main() {
    //initialize.Debug(true)
    _, err := initialize.Wifi(ssid, password, 10*time.Second)
    if err != nil {
        log.Fatal(err)
    }

    err = run()
    if err != nil {
        log.Fatal(err)
    }

    select {}
}

var (
    url = "https://httpbin.org/ip"
)

// Set the test_root_ca created by the following command
// $ openssl s_client -showcerts -verify 5 -connect httpbin.org:443 < /dev/null
var test_root_ca = `-----BEGIN CERTIFICATE-----
MIIEdTCCA12gAwIBAgIJAKcOSkw0grd/MA0GCSqGSIb3DQEBCwUAMGgxCzAJBgNV
BAYTAlVTMSUwIwYDVQQKExxTdGFyZmllbGQgVGVjaG5vbG9naWVzLCBJbmMuMTIw
MAYDVQQLEylTdGFyZmllbGQgQ2xhc3MgMiBDZXJ0aWZpY2F0aW9uIEF1dGhvcml0
eTAeFw0wOTA5MDIwMDAwMDBaFw0zNDA2MjgxNzM5MTZaMIGYMQswCQYDVQQGEwJV
UzEQMA4GA1UECBMHQXJpem9uYTETMBEGA1UEBxMKU2NvdHRzZGFsZTElMCMGA1UE
ChMcU3RhcmZpZWxkIFRlY2hub2xvZ2llcywgSW5jLjE7MDkGA1UEAxMyU3RhcmZp
ZWxkIFNlcnZpY2VzIFJvb3QgQ2VydGlmaWNhdGUgQXV0aG9yaXR5IC0gRzIwggEi
MA0GCSqGSIb3DQEBAQUAA4IBDwAwggEKAoIBAQDVDDrEKvlO4vW+GZdfjohTsR8/
y8+fIBNtKTrID30892t2OGPZNmCom15cAICyL1l/9of5JUOG52kbUpqQ4XHj2C0N
Tm/2yEnZtvMaVq4rtnQU68/7JuMauh2WLmo7WJSJR1b/JaCTcFOD2oR0FMNnngRo
Ot+OQFodSk7PQ5E751bWAHDLUu57fa4657wx+UX2wmDPE1kCK4DMNEffud6QZW0C
zyyRpqbn3oUYSXxmTqM6bam17jQuug0DuDPfR+uxa40l2ZvOgdFFRjKWcIfeAg5J
Q4W2bHO7ZOphQazJ1FTfhy/HIrImzJ9ZVGif/L4qL8RVHHVAYBeFAlU5i38FAgMB
```

AAGjgfAwge0wDwYDVR0TAQH/BAUwAwEB/zAOBgNVHQ8BAf8EBAMCAYYwHQYDVR00
BBYEFJxfAN+qAdcwKziIorhtSpzyEZGDMB8GA1UdIwQYMBaAFL9ft9H03R+G9FtV
rNzXEMIOqYjnME8GCCsGAQUFBwEBBEMwQTAcBggrBgEFBQcwAYYQaHR0cDovL28u
c3MyLnVzLzAhBggrBgEFBQcwAoYVaHR0cDovL3guc3MyLnVzL3guY2VyMCYGA1Ud
HwQfMB0wG6AZoBeGFWh0dHA6Ly9zLnNzMi51cy9yLmNybDARBgNVHSAECjAIMAYG
BFUdIAAwDQYJKoZIhvcNAQELBQADggEBACMd44pXyn3pF3lM8R5V/cxTbj5HD9/G
VfKyBDbtgB9TxF00KGu+x1X8Z+rLP3+QsjPNG1gQggL4+C/1E2DUBc7xgQjB3ad1
l08YuW3e95ORCLp+QCztweq7dp4zBncdDQh/U90bZKuCJ/Fp1U1ervShw3WnWEQt
8jxwmKy6abaVd38PMV4s/KCHOkdp8Hlf9BRUpJVeEXgSYCfOn8J3/yNTd126/+pZ
59vPr5KW7ySaNRB6nJHGDn2Z9j8Z3/VyVOEVqQdZe40/Ui5GjLIAZHYcSNPYeehu
VsyuLAQQ1xk4meTKCRlb/weWsKh/NEnfVqn3sF/tM+2MR7cwA130A4w=
-----END CERTIFICATE-----
`

```
func run() error {
    initialize.SetRootCA(&test_root_ca)
    res, err := http.Get(url)
    if err != nil {
        return err
    }

    body, err := io.ReadAll(res.Body)
    res.Body.Close()
    if err != nil {
        return err
    }
    fmt.Printf("%s\r\n", body)

    return nil
}
```

実行結果は以下の通りです。

```
$ tinygo flash --target wioterminal ./https-client-tinygo/
{
  "origin": "xxx.xxx.xxx.xxx"
}
```

▼ いろいろな使い方

tinygo.org/x/drivers/net/http は Go の net/http と同じように使うことができます。GET と POST は専用の関数があるため簡単に実施することができます。以下で紹介するやり方の詳細や、それ以外の方法についてはソースコードを参照してください。

🔍 **tinygo.org/x/drivers/net/http ソースコード**
https://github.com/tinygo-org/drivers/tree/release/net/http

tinygo.org/x/drivers/net/http/client.go

```go
// Getは指定したURLにGETでアクセスします
func Get(url string) (resp *Response, err error)

// Postは指定したURLにPOSTでアクセスします
// その際コンテンツタイプの設定、ボディ部の設定を行うことができます
func Post(url, contentType string, body io.Reader) (resp *Response, err error)
```

▽ GET

http.Get() を使って GET アクセスすることができます。パラメータは?以降に追加することができます。

```go
url := "https://httpbin.org/get?cnt=10"
http.Get(url)
```

▽ POST

http.Post() を用いてアクセスします。代表的な例は以下の通りです。

```go
url := "https://httpbin.org/post"
reqBody := `cnt=12`
http.Post(url, "application/x-www-form-urlencoded", strings.NewReader(reqBody))
```

```go
url := "https://httpbin.org/post"
reqBody := `{"msg": "hello"}`
http.Post(url, "application/json", strings.NewReader(reqBody))
```

▽ **Requestを作ってアクセスする**

ここではPUTを使ってアクセスします。また、req.Header.Set()を使ってUser-Agentも書き替えてみます。

```
url := "https://httpbin.org/put"
req, err := http.NewRequest("PUT", url, nil)
if err != nil {
    // エラー処理を行う
}
req.Header.Set(`User-Agent`, `tinygo-with-wioterminal`)
http.DefaultClient.Do(req)
```

▽ **Cookieを使う**

Wio Terminal側でCookiejarを作ることにより、Cookieを使うことができます。標準のnet/http/cookiejarではなくtinygo.org/x/drivers/net/http/cookiejarをimportする必要があるので注意してください。

```
// Cookiejarの準備
// "tinygo.org/x/drivers/net/http/cookiejar"
jar, err := cookiejar.New(nil)
if err != nil {
    // エラー処理を行う
}
client := &http.Client{Jar: jar}
http.DefaultClient = client

url := "https://httpbin.org/cookies/set/name/hello"
http.Get(url)
```

Cookiejarを設定した状態のまま、以下にアクセスするとCookieが正しくセットされていることがわかります。

```
url := "https://httpbin.org/cookies"
http.Get(url)
```

httpbin.orgではCookieは以下で削除することができます。

```
url := "https://httpbin.org/cookies/delete?name="
http.Get(url)
```

確認はこちらです。

```
url := "https://httpbin.org/cookies"
http.Get(url)
```

8

アプリケーション
作成

ここまでの知識を使ってアプリケーションを作成し
てみましょう。1つ目のアプリケーションでは、Wio
Terminal で取得した角度情報を使って、パソコン上
の画像を制御します。2つ目のアプリケーションでは、
画面とボタンを使ったアプリケーションをパソコン上
で開発し、そのあと実機で動かす流れで開発します。
これらが作れるようになると、TinyGo でさまざまな
ことができるようになります。

01 Wio Terminal Tracker
Section

　LIS3DHから取得した加速度情報を使って、パソコンのアプリケーション内の Gopherを動かします。Wio Terminalを傾けると、パソコン上の画像の傾きが同期 して動きます。

Processingで表示

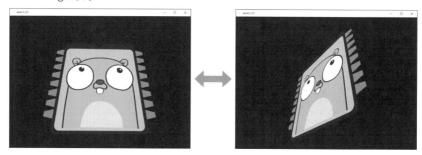

▼ 設計

以下の設計で作成します。

- **Wio Terminal**で加速度から計算した角度情報をパソコンに送る
- パソコンの**Processing**で角度情報に同期して**Gopher**を動かす

▼ プロジェクトのひな形を準備する

以下のURLからプロジェクトのひな形をダウンロードできます。

♪ プロジェクトひな形
https://github.com/sago35/tinygobook/archive/refs/heads/base.zip

　もしくは以下のbase branchをgit cloneしてください。完成版はmain branch にあるので適宜参照してください。

```
$ git clone https://github.com/sago35/tinygobook --branch base
```

プロジェクトの構成

ファイル名	内容
./wioterminal/tracker/main.go	Wio Terminal側のプログラムの雛形
./wioterminal/tracker/sketch_01/sketch_01.pde	Processing用のプログラム

▼ Wio Terminal側の準備

　基本的には5章のI2C（P.160）で説明したLIS3DHのデータを加工してパソコンに送ります。ここでは重力加速度を角度に変換する部分を追加実装します。

　角度はアークタンジェントを用いて計算が可能で、math packageのmath.Atan2で計算できます。Z軸が真下方向を表しているため、X軸とZ軸、Y軸とZ軸を用いてそれぞれの軸に対する角度を算出します。

$GOROOT/src/math/atan2.go

```
// y/xのアークタンジェントを返します
func Atan2(y, x float64) float64
```

　具体的には以下のようなソースコードになります。

```
a1 := math.Atan2(ax, az)
a2 := math.Atan2(ay, az)
```

　計算した角度はスペース区切りで出力します。後述するProcessingというソフトでこの出力を処理します。

```
fmt.Printf("%f %f\r\n", a1, a2)
```

　アプリケーションを実行してWio Terminalを水平に近い状態に静止させたとき、以下のような値が返ってきます。Wio Terminalを左右方向に回転させるとスペース区切りの前側の値（上記のa1）が変化します。手前に回転させるとスペース区切りの後ろ側の値（上記のa2）が変化します。

```
$ tinygo flash -target wioterminal ./wioterminal/tracker
3.134057 -3.133665
3.139702 -3.140595
3.133725 3.136603
...
```

ソースコード全体は以下の通りです。

./wioterminal/tracker/main.go(完成版)

```go
package main

import (
    "fmt"
    "machine"
    "math"
    "time"

    "tinygo.org/x/drivers/lis3dh"
)

func main() {
    i2c := machine.I2C0
    i2c.Configure(machine.I2CConfig{SCL: machine.SCL0_PIN, SDA: machine.SDA0_PIN})

    accel := lis3dh.New(i2c)
    accel.Address = lis3dh.Address0 // address on the Wio Terminal
    accel.Configure()
    accel.SetRange(lis3dh.RANGE_2_G)

    println(accel.Connected())

    for {
        x, y, z, _ := accel.ReadAcceleration()

        // それぞれの軸に対するθを求める
        ax := float64(x) / 1000000
        ay := float64(y) / 1000000
        az := float64(z) / 1000000
        a1 := math.Atan2(ax, az)
        a2 := math.Atan2(ay, az)
        fmt.Printf("%f %f\r\n", a1, a2)

        time.Sleep(time.Millisecond * 100)
    }
}
```

▼ Processingのインストールと実行

　パソコン上での画面表示に使う Processing というソフトをダウンロードしてください。Processing の公式ページから、ページの下部にある Stable Releases の最新版をダウンロードしてください。執筆時点では 4.0.1 が最新であるため 4.0.1 の例で説明しますが、適宜バージョンを読み替えてください。

🔎 Download / Processing.org
https://processing.org/download

　各環境のインストールの詳細は以下にあります。

🔎 Getting Started / Processing.org
https://processing.org/tutorials/gettingstarted

▽ Linux
　ダウンロードした processing-4.0.1-linux-x64.tgz を解凍して実行してください。Processing が立ち上がったあとは、[メニュー] - [ファイル] - [開く] をクリックして、プロジェクト内にある sketch_01.pde を開いてください。

```
$ tar xzf processing-4.0.1-linux-x64.tgz
$ cd processing-4.0.1
$ ./processing
```

▽ macOS
　ダウンロードしたファイルを解凍し、Processing.app を任意の場所に置いて実行してください。執筆時点では、Apple Silicon 版のバイナリはシリアル制御に問題があるため、実行する環境が Apple Silicon であっても MacOS (Intel 64-bit) 版を使用してください。Processing が立ち上がったあとは [メニュー] - [ファイル] - [開く] をクリックして、プロジェクト内にある sketch_01.pde を開いてください。

・**processing-4.0.1-macos-x64.zip**

▽ Windows

ダウンロードしたファイルを解凍し、processing.exeを実行してください。Processingが立ち上がったあとは、[メニュー]-[ファイル]-[開く]をクリックして、プロジェクト内にあるsketch_01.pdeを開いてください。

- processing-4.0.1-windows-x64.zip

▼ Processingの設定

Wio Terminalと同期させるために、ポート（Processing）の設定が必要です。tinygo flashでソースコードを書き込んでいる状態で、[▶]をクリックして立ち上げ（sketch_01.pdeを実行）ます。ポートを未設定の状態で立ち上げると、②のようにメッセージとあわせてポートの一覧が表示されます。ポートの一覧からWio Terminalのポートを選び、③の空文字になっている変数portStrに設定してください。Wio Terminalのポートが見つからない場合は、再度tinygo flashおよびWio Terminalの再起動を試してください。

Processingで表示

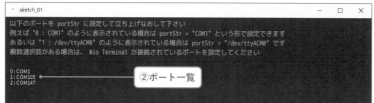

02 Gopher福笑い

Wio Terminalの十字キーとボタンを使って、目と口の位置を自由に動かすことができるアプリケーションです。

Gopher福笑いの画面

8

アプリケーション作成

▼ 設計

以下の設計で作成します。また開発効率を上げるためWio Terminalとパソコン（tinydisplay）で同じソースコードで動作するようにします。

- 画面にGopherを表示する
- 十字キーにより操作対象を移動する
- BUTTON_3および十字キー押し込みにより操作対象を切り替える
- BUTTON_2によりGopherの体の色を変える
- BUTTON_1によりQRコード画面へ切り替える

キー操作は以下で作成します。Wio Terminalとパソコンのどちらでも動くようにするため以下の定義とします。

キー操作の対応

回路図上の名称	Wio Terminalのキー	パソコンのキー	動作
BUTTON1（右）	BUTTON_1	Back space	QRコード画面へ切り替え
BUTTON2（右）	BUTTON_2	Space	Gopherの色を変える
BUTTON3（左）	BUTTON_3	Enter	操作対象切り替え
SWITCH_X（上）	SWITCH_X	↑	操作対象を上に移動する
SWITCH_Y（左）	SWITCH_Y	←	操作対象を左に移動する
SWITCH_Z（右）	SWITCH_Z	→	操作対象を右に移動する
SWITCH_B（下）	SWITCH_B	↓	操作対象を下に移動する
SWITCH_U（押）	SWITCH_U	Enter	操作対象切り替え

※macOSの場合は、Back space を delete 、 Enter を return 、に読み替えてください

　操作対象は以下の5つで、BUTTON_3および十字キー押し込みにより順番に操作対象を切り替えます。

- 白目（左）
- 黒目（左）
- 白目（右）
- 黒目（右）
- 鼻と口

▼ プロジェクトのひな形を準備する

　以下のURLからダウンロードできます。なお、P.272と同じファイルですので、すでに取得済みの場合はあらためて取得する必要はありません。

🔍 プロジェクトひな形
https://github.com/sago35/tinygobook/archive/refs/heads/base.zip

　以下のbase branchも、P.273と同じです。

```
$ git clone https://github.com/sago35/tinygobook --branch base
```

プロジェクトのファイル構成

ファイル名	内容
./wioterminal/fukuwarai/main.go	メインプログラム
./wioterminal/fukuwarai/wioterminal.go	Wio Terminal用の初期化
./wioterminal/fukuwarai/generic.go	パソコン用（tinydisplay）の初期化
./wioterminal/fukuwarai/img/*.bin	各種画像ファイル（RGB565）

▼ ディスプレイおよびキーの初期化

　6章で説明したinitdisplay.InitDisplay()を用いてディスプレイを初期化します。これによりWio TerminalではILI9341、パソコンではtinydisplayを使って動作させられます。

　Wio Terminal用の初期化のソースコードは以下の通りです。6章の説明から大きな変更はないため、P.198を参照してください。ボタンおよび十字キーはすべて入力側として初期化しておきます。パソコン側と動作を合わせる意味で、GetPressedKeyはそれぞれのボタンに対応する値を返すようにします。

./wioterminal/fukuwarai/wioterminal.go（完成版）

```
//go:build wioterminal
// +build wioterminal

package main

import (
    "image/color"
    "machine"

    "github.com/sago35/tinydisplay/examples/initdisplay"
    "tinygo.org/x/drivers/ili9341"
)

var (
    display *ili9341.Device
)

func init() {
    display = initdisplay.InitDisplay()
    display.FillScreen(color.RGBA{0xFF, 0xFF, 0xFF, 0xFF})

    machine.BUTTON_1.Configure(machine.PinConfig{Mode: machine.PinInputPullup})
    machine.BUTTON_2.Configure(machine.PinConfig{Mode: machine.PinInputPullup})
```

```go
    machine.BUTTON_3.Configure(machine.PinConfig{Mode: machine.PinInputPullup})

    machine.WIO_5S_UP.Configure(machine.PinConfig{Mode: machine.PinInputPullup})
    machine.WIO_5S_LEFT.Configure(machine.PinConfig{Mode: machine.PinInputPullup})
    machine.WIO_5S_RIGHT.Configure(machine.PinConfig{Mode: machine.PinInputPullup})
    machine.WIO_5S_DOWN.Configure(machine.PinConfig{Mode: machine.PinInputPullup})
    machine.WIO_5S_PRESS.Configure(machine.PinConfig{Mode: machine.PinInputPullup})
}

func GetPressedKey() uint16 {
    if !machine.BUTTON_1.Get() {
        return KeyBackspace
    } else if !machine.BUTTON_2.Get() {
        return KeySpace
    } else if !machine.BUTTON_3.Get() {
        return KeyReturn
    } else if !machine.WIO_5S_UP.Get() {
        return KeyUp
    } else if !machine.WIO_5S_LEFT.Get() {
        return KeyLeft
    } else if !machine.WIO_5S_RIGHT.Get() {
        return KeyRight
    } else if !machine.WIO_5S_DOWN.Get() {
        return KeyDown
    } else if !machine.WIO_5S_PRESS.Get() {
        return KeyReturn
    }
    return 0xFFFF
}
```

パソコン側の初期化のソースコードは以下の通りです。

./wioterminal/fukuwarai/generic.go(完成版)

```go
//go:build !baremetal
// +build !baremetal

package main

import (
    "image/color"

    "github.com/sago35/tinydisplay/examples/initdisplay"
)

var (
    display *initdisplay.TinyDisplay
)
```

```go
func init() {
    display = initdisplay.InitDisplay()
    display.FillScreen(color.RGBA{0xFF, 0xFF, 0xFF, 0xFF})
}

func GetPressedKey() uint16 {
    return display.GetPressedKey()
}
```

▼ メインプログラム：embed.FSから読み込む

imgフォルダ以下のファイルを6章（P.217）で説明したembed packageでプログラムに取り込みます。以下のようにstaticという変数を作っている場合は、static.Openによりio.Readerを実装したfs.File型の変数を取り出すことができます。io.ReaderにはReadというメソッドが実装されているため、以下のソースコードでfbにデータを読み込んでいます。他の画像データも同じやり方で読み込んでいます。

```go
// imgフォルダ以下のファイルをすべてembed.FSに取り込む
//go:embed img/*
var static embed.FS

// embed.FSの中のimg/01_body.binのデータを読み出す
r, _ := static.Open("img/01_body.bin")
r.Read(fb[:])
```

imgフォルダ以下のbinファイルは、color-conv/main.goを実行して生成しています。GoのプログラムによりpngファイルをRGB565（正確には1bitだけ透明かどうかのビットを定義した独自形式）に変換しています。TinyGoは直接pngファイルを扱えますがRAM使用量などが厳しいため、今回はすべて変換済みのRGB565ビットマップをROMに保存することにしました。これによりfbに320 * 240の画面全体分のメモリである153,600byteを割り当てることができ、画面周りの実装が単純になりました。

なお、color-conv/main.goで、変換する画像名と出力する画像名を指定しています。別の画像を変換したい場合は、それぞれの画像名を書き替えて実行することで、pngファイルをbinファイルに変換できます。

color-conv/main.goでbinファイルを生成

```
$ go run ./color-conv/
```

▼ メインプログラム：Gopherの体の色を変える

img/01_body.bin は4色のグレースケール画像です。データは RGB565 で、以下の色が使われています。

色のバイナリ値

色	バイナリ値（2byte）
白	0xFFFF
黒	0x0020
灰色（濃）	0xBDF7
灰色（薄）	0xDEFB

これらを描画前に、colors[colorsIndex] で指定される値に書き替えることで、Gopherの体の色を変えられます。以下の色データは TinyGo の Gopher および Go Brand Guide で定義されている色です。

```
// Go Brand Guide
// https://go.dev/blog/go-brand
var colors = [][2]uint16{
    /* 濃い色 薄い色 */
    {0xAE3A, 0xCEFC}, // 0xABC3D6 0xCDDBE6 TinyGo
    {0x6E7C, 0x9EFD}, // 0x68CCE7 0x9CDBED Gopher Blue
    {0xC77E, 0xE7BF}, // 0xC5E9F2 0xE3F4F8 Light Blue
    {0xEDB8, 0xF6FC}, // 0xEBB1C1 0xF6DCE3 Fuchsia
    {0xAEFB, 0xD77D}, // 0xADDEDB 0xD7EEED Aqua
    {0xFFB4, 0xFFFA}, // 0xFEF1A4 0xFEF9D5 Yellow
}
```

実際の書き替えは以下のようになります。fb[:] にすべての画素のデータが含まれるため、それらを置換していきます。あまり効率がよいソースコードではないですが、最低限動作します。

```
for i := range fb {
    if i%2 == 0 {
        if fb[i] == 0xBD { // 0xBDF7を見つけて書き替える
            fb[i+0] = uint8(colors[colorsIndex][0] >> 8)
            fb[i+1] = uint8(colors[colorsIndex][0])
        } else if fb[i] == 0xDE { // 0xDEFBを見つけて書き替える
            fb[i+0] = uint8(colors[colorsIndex][1] >> 8)
            fb[i+1] = uint8(colors[colorsIndex][1])
```

```
            }
        }
    }
```

▼ メインプログラム

メインプログラムのソースコードの全体は以下の通りです。

./wioterminal/fukuwarai/main.go(完成版)

```go
package main

import (
    "embed"
    _ "embed"
    "fmt"
    "image/color"
    "time"
)

var (
    eyeOpen     = false
    colorsIndex = 0
    buf         [102 * 101 * 2]uint8
    fb          framebuffer
)

func main() {
    objects := []Obj{
        {file: "img/02_eye_left_1.bin", x: 54, y: 73, w: 101, h: 101},
        {file: "img/02_eye_left_2.bin", x: 72, y: 86, w: 25, h: 25},
        {file: "img/02_eye_right_1.bin", x: 192, y: 37, w: 102, h: 101},
        {file: "img/02_eye_right_2.bin", x: 217, y: 50, w: 25, h: 24},
        {file: "img/03_mouse.bin", x: 154, y: 88, w: 54, h: 54},
    }

    redraw(objects)

    sel := 0
    for {
        needsRedraw := true
        switch GetPressedKey() {
        case KeyRight:
            objects[sel].Move(1, 0)
        case KeyLeft:
            objects[sel].Move(-1, 0)
        case KeyDown:
            objects[sel].Move(0, 1)
```

```go
            case KeyUp:
                objects[sel].Move(0, -1)
            case KeyReturn:
                sel = (sel + 1) % len(objects)
                time.Sleep(200 * time.Millisecond)
            case KeySpace:
                changeColor()
                time.Sleep(200 * time.Millisecond)
            case KeyBackspace:
                license()
                time.Sleep(500 * time.Millisecond)
                for GetPressedKey() == 0xFFFF {
                }
                redraw(objects)
                time.Sleep(100 * time.Millisecond)
            default:
                needsRedraw = false
            }

            if needsRedraw {
                redraw(objects)

                for _, o := range objects {
                    fmt.Printf("(%d, %d) ", o.x, o.y)
                }
                fmt.Printf("\r\n")
                time.Sleep(10 * time.Millisecond)
            }
        }
    }
}

var colors = [][2]uint16{
    {0xAE3A, 0xCEFC}, // 0xABC3D6 0xCDDBE6 TinyGo
    // https://go.dev/assets/go-brand-book-v1.9.5.pdf
    {0x6E7C, 0x9EFD}, // 0x68CCE7 0x9CDBED Gopher Blue
    {0xC77E, 0xE7BF}, // 0xC5E9F2 0xE3F4F8 Light Blue
    {0xEDB8, 0xF6FC}, // 0xEBB1C1 0xF6DCE3 Fuchsia
    {0xAEFB, 0xD77D}, // 0xADDEDB 0xD7EEED Aqua
    {0xFFB4, 0xFFFA}, // 0xFEF1A4 0xFEF9D5 Yellow
}

func changeColor() {
    colorsIndex = (colorsIndex + 1) % len(colors)
}

func redraw(objects []Obj) {
    r, _ := static.Open("img/01_body.bin")
    r.Read(fb[:])

    for _, o := range objects {
```

```
            o.Draw()
        }
        for i := range fb {
            if i%2 == 0 {
                if fb[i] == 0xBD { // 0xBDF7を見つけて書き替える
                    fb[i+0] = uint8(colors[colorsIndex][0] >> 8)
                    fb[i+1] = uint8(colors[colorsIndex][0])
                } else if fb[i] == 0xDE { // 0xDEFBを見つけて書き替える
                    fb[i+0] = uint8(colors[colorsIndex][1] >> 8)
                    fb[i+1] = uint8(colors[colorsIndex][1])
                }
            }
        }
        display.DrawRGBBitmap8(0, 0, fb[:], 320, 240)
}

type framebuffer [320 * 240 * 2]uint8

func (f *framebuffer) SetRGB555a(x, y int, b1, b2 uint8) {
    if (b2 & 0x20) > 0 {
        f[(x+y*320)*2] = b1
        f[(x+y*320)*2+1] = b2
    }
}

type Obj struct {
    data []uint8
    file string
    x    int16
    y    int16
    w    int16
    h    int16
}

func (o Obj) Draw() {
    r, _ := static.Open(o.file)
    r.Read(buf[:])

    ws, we := 0, int(o.w)
    hs, he := 0, int(o.h)
    for y := hs; y < he; y++ {
        for x := ws; x < we; x++ {
            fb.SetRGB555a(int(o.x)+x, (int(o.y) + y), buf[(x+y*we)*2],
buf[(x+y*we)*2+1])
        }
    }
}

func (o *Obj) Move(vx, vy int16) {
    if 0 <= o.x+vx && o.x+vx+o.w <= 320 {
```

アプリケーション作成 **8**

```go
        o.x += vx
    }

    if 0 <= o.y+vy && o.y+vy+o.h <= 180 {
        o.y += vy
    }
}

func failMessage(err error) {
    for {
        fmt.Printf("%s\r\n", err.Error())
        time.Sleep(5 * time.Second)
    }
}

// The following is a definition of a special key that goes beyond the ASCII
// range.
const (
    KeyReturn    = 0x101
    KeySpace     = 0x020
    KeyBackspace = 0x103
    KeyRight     = 0x106
    KeyLeft      = 0x107
    KeyDown      = 0x108
    KeyUp        = 0x109
)

//go:embed img/*
var static embed.FS

func license() {
    display.FillScreen(color.RGBA{0xFF, 0xFF, 0xFF, 0xFF})
    r, _ := static.Open("img/qr_and_license.bin")
    r.Read(fb[:])
    display.DrawRGBBitmap8(0, 0, fb[:], 320, 240)
}
```

▼ 実行方法：パソコンで動かす

　先にtinydisplayを起動し、そのあとfukuwaraiを立ち上げます。tinydisplayのインストール方法などはP.201で説明しています。ソースコードが正しく動作するようになるまではパソコンで開発するほうが効率的です。

```
# 先にtinydisplayを立ち上げておく
$ tinydisplay
```

```
# 別の端末から以下を実行する
$ go run ./wioterminal/fukuwarai
```

▼ 実行方法：Wio Terminalで動かす

以下のコマンドでWio Terminalに書き込み、実行できます。ビルドするときは速度面を改善するために-opt 2オプションを追加してください。

```
$ tinygo flash --target wioterminal --size short --opt 2 ./wioterminal/fukuwarai
    code    data     bss |   flash      ram
  447876     356  180480 |  448232   180836
```

▼ Twitterに投稿する

BUTTON_1を押すとQRコード画面を表示できます。スマートフォンなどで読み取るとTwitterの投稿画面に移動できるので、是非写真を撮ってTweetしてください。ツイートする際のハッシュタグは#tinygoと#tinygobookでお願いします。ツイート本文は自由です。

Twitterに投稿する

②ハッシュタグは#tinygoと#tinygobook

①写真を撮って添付

03 最後に

<label>Section</label>

　アプリケーションはうまく動作できましたでしょうか？　これまでの章で扱った内容を組み合わせると、さまざまなアプリケーションを作ることができます。本書のアプリケーションを改造したり、新しいアプリケーションを作ったりと、是非トライしてみてください。他にも以下のような題材が考えられます。

- Wio Terminalでさらなるアプリケーションを作る
- Wio Terminal以外のマイコンボードを試してみる
- 外付けのセンサーなどを追加して制御してみる
- ネットワークとセンサーを組み合わせて制御してみる

　本書では組込み開発をターゲットとしているためWASM／WASIの説明は省略していますが、WASM／WASIもとても盛り上がっています。Wio TerminalとWASMを組み合わせた題材も面白いと思いますので、是非試してみてください。

▼ TinyGoプロジェクトについて

　TinyGoはまだ発展途上のプロジェクトです。活発に開発が続けられているため、今後ますますよいプロジェクトになっていくでしょう。筆者はTinyGoコントリビューターとして2020年から活動していています。TinyGoにWio Terminal対応を追加したのも筆者なので、誰よりもよく知っていると自負しています。何か困ったことがあれば、サポートサイトやTwitter（@sago35tk）などで是非質問してください。

　TinyGo本体にコントリビュートしてみたいけどやり方がわからない、きっかけがないがどうするか、などの相談も大歓迎です。一緒にTinyGoを盛り上げていきましょう！

🔍 サポートサイト
https://github.com/sago35/tinygobook

付録

デバッグ

組込み開発においてもデバッガーを使用して
ステップ実行などを含むデバッグができま
す。TinyGo も標準でデバッガーを呼び出す
機能を持っています。付録ではデバッガーの
仕組みと接続方法を説明し、実際に TinyGo
からデバッガーを動かします。

01 Section マイコンをデバッグしよう

　TinyGoに限った話ではありませんが、マイコンを使う組込み開発においてもステップ実行や変数ウォッチなどを使ったデバッグが可能です。デバッグを実施するには、Wio Terminalにデバッガーを外部機器として接続する必要があります。

▼ Serial Wire Debug

　ここではデバッグにSerial Wire Debug（SWD）を使用します。SWDはすべてのCortex-Mシリーズを含むさまざまなArmマイコンで使用できます。SWDのよいところの1つは必要なピン数の少なさです。データやり取り用のSWDIO、クロック信号を送るためのSWCLKの2線を接続するだけでデバッグを行えます。

▼ SWDデバッガーの接続

　SWDでデバッグを行うためには、SWDと通信するための外部ハードウェアを準備して接続する必要があります。入手しやすいSWDデバッガーとしてはST-Link V2互換品などがありますが、ここではXIAO RP2040を使ってデバッガーを作ってみます。

▽ デバッガーの全体像
　XIAO RP2040をデバッガーとして使用し、以下のような形でパソコンやWio Terminalなどをつなぎます。

接続イメージ

必要なパーツは以下の通りです。パーツをつなげるためには、はんだごてなども必要です。

デバッガーを作るのに必要なパーツ

名称	必要個数	備考
Seeed Studio XIAO RP2040	1	
0.5／10P FFC変換基板	1	
0.5／10P FFCケーブル	1	5〜10cmぐらいでよい
2.54mm ピンヘッダー単列 (1x5)	2	長いものを分割してもよい
ブレッドボード	1	小さいものでよい
ジャンパー線 (オスオス)	3	2章でも紹介

▽ Seeed Studio XIAO RP2040

RP2040マイコンを搭載した小さいマイコンボードです。TinyGoは本ボードに対応しているため、デバッガーとしてだけではなく通常の開発ボードとしても使うことができます。

Seeed Studio XIAO RP2040

🔎 **スイッチサイエンス**
https://www.switch-science.com/products/7634/

🔎 **秋月電子通商**
https://akizukidenshi.com/catalog/g/gM-17044/

▽ 0.5／10P FFC変換基板およびFFCケーブル

PWC0510A、PWC0510B、PWC0510CがWio Terminalで使用できる0.5／10Pですが、ここではPWC0510Aを使用して説明します。次の購入先では変換基板とFFCケーブルのセットになっていますが、基板とFFCケーブルのばら売りもあります。

付録
デバッグ

0.5／10P FFC変換基板（PWC0510A）

🔍 aitendo
https://www.aitendo.com/product/20854

▽ **2.54mm ピンヘッダー単列（1x5）**

長いものをカットして使ってもよいです。1x5サイズが2つ必要です。

🔍 スイッチサイエンス
https://www.switch-science.com/products/92/

🔍 秋月電子通商
https://akizukidenshi.com/catalog/g/gC-00167/

🔍 aitendo
https://www.aitendo.com/product/15624

▽ **ブレッドボード**

XIAOと変換基板の接続用です。小さいサイズのもので問題ありません。

🔍 スイッチサイエンス
https://www.switch-science.com/products/2282/

🔍 秋月電子通商
https://akizukidenshi.com/catalog/g/gP-05155/

🔍 aitendo
https://www.aitendo.com/product/20205

▽ **ジャンパー線（オスオス）**

UARTの例（P.147）では1本のみ使用しますが、デバッグする際には3本使用します。購入先については、P.18で紹介しているため、そちらをご確認ください。

▼ Wio Terminal側の準備

　最初にWio Terminal側の準備を行います。Wio TerminalにはいくつかのVersion がありますが、現在販売されている1.2は筐体内部のFPCコネクターからデバッガーを接続することが可能です。ただし、筐体内部にアクセスするため本体を一部分解する必要があります。

　筐体を開けた場合、販売元の保証を受けられなくなる可能性がありますので、この手順を実施する場合は自己責任でお願いいたします。

▽ Wio Terminalの分解とFFCケーブルの接続

　まずは背面の左上と右下のゴム足を外した場所にネジがあるので取り外します。

左上と右下のゴム足とネジを外す

　次に、以下の写真の左上部にあるFPCコネクターにFFCケーブルを接続します。

裏蓋を外した状態

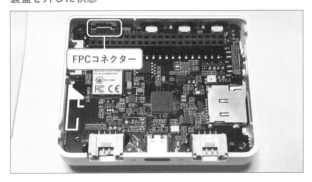

黒い部分を上に引き上げることでケーブルを差し込めます。ケーブルをしっかり
と差し込んだあと、黒い部分を下に押し込むことで接続が完了します。このあと筐
体の蓋を元に戻すために、ケーブルをどこかから外に出す必要があります。ケース
を削ることも可能ですが、ここでは以下の写真のようにソケットと青いカバーの間
を通すことにします。写真のようにケーブルを折り曲げてソケット脇を通してくだ
さい。なお、ケーブルの根本は折り曲げを繰り返すと断線してしまいますので注意
して作業してください。

FFCケーブルを接続する

▼ デバッグアダプターの準備

　XIAO RP2040に事前に本書のサポートページで公開しているUF2を書き込んで
おきます。書き込みはBOOTSELボタンを押しながらRESET (RP2040) ボタンを
押すとドライブとして認識するので、そこにUF2をコピーします。

🔍 **デバッグ - サポートページ**
https://github.com/sago35/tinygobook/tree/main/debug

　今回使用したSWDデバッガーのソースコードはRustで開発されています。以下
から最新版を入手してビルドできます。

🔍 **ciniml/rust-dap: CMSIS-DAP Rust implementation**
https://github.com/ciniml/rust-dap

　ピン配置は次の通りで、3つのピンをWio Terminalと接続します。

XIAO RP2040

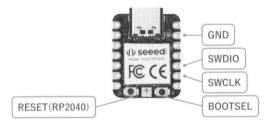

FFCケーブルのピン番号との対応

XIAO RP2040	FFCケーブル
SWCLK	1
SWDIO	2
GND	6

写真のようにXIAO RP2040とFFC変換基板を接続してください。

XIAO RP2040とFFC変換基板を接続する

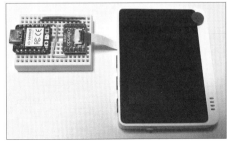

付録

デバッグ

▼ OpenOCDを入手する

tinygo flashおよびtinygo gdb（デバッグするためのコマンド）には、openocdが
必要です。以下から各環境のファイルをダウンロードして解凍し、PATHを通して
ください。

🔎 Releases · xpack-dev-tools/openocd-xpack
https://github.com/xpack-dev-tools/openocd-xpack/releases

コマンドでバージョンを確認しましょう。バージョンが表示されれば、PATHが通っている状態です。

```
$ openocd --version
xPack OpenOCD x86_64 Open On-Chip Debugger 0.11.0+dev (2022-03-25-17:32)
Licensed under GNU GPL v2
For bug reports, read
        http://openocd.org/doc/doxygen/bugs.html
```

以下のコマンドで動作を確認できます。無事に書き込めれば、環境設定は完了です。

```
$ tinygo flash --target wioterminal --programmer cmsis-dap examples/blinky1
```

▼ デバッガーの入手

openocdとあわせて、tinygo gdbにはデバッガーが必要です。gdb multiarchもしくはarm-none-eabi-gdbがPATHに存在する必要があります。

▽ Linux
以下のコマンドでgdb-multiarchをインストールできます。

```
$ sudo apt install gdb-multiarch
```

▽ macOS
以下のコマンドでarm-none-eabi-gccをインストールできます。

```
$ brew tap ArmMbed/homebrew-formulae
$ brew install arm-none-eabi-gcc
```

▽ Windows
インストーラーを使ってarm-none-eabi-gccをインストールできます。以下からダウンロードしてPATHを通してください。

🔎 Downloads | GNU Arm Embedded Toolchain Downloads
https://developer.arm.com/downloads/-/gnu-rm

▽ 動作確認

以下のコマンドで tinygo gdb を起動できます。基本的には tinygo flash コマンド と引数は同じですが、-opt=1 を追加したほうがデバッグしやすいです。起動に成功した場合は、しばらくすると (gdb) というプロンプトが表示されるところまで進みます。

```
$ tinygo gdb --target wioterminal --programmer cmsis-dap examples/blinky1
（省略）
target halted due to debug-request, current mode: Thread
xPSR: 0x01000000 pc: 0x0000056c msp: 0x2000d6a0
(gdb)
```

continue（もしくは c）と入力するとプログラムが実行され LED が点滅を始めます。Ctrl+C キーを入力すると、再びプログラムの実行が中断されます。ただし、これではよい位置で止めることができないため、ブレークポイントを設定します。

一旦 monitor reset halt で最初に戻します。そのあと break main.main と入力して、main 関数の先頭に break を作成するとよいでしょう。この状態で continue（もしくは c）を入力すると以下の画面まで進むと思います。

付録
デバッグ

```
(gdb) monitor reset halt
target halted due to debug-request, current mode: Thread
xPSR: 0x01000000 pc: 0x0000056c msp: 0x2000d6a0

(gdb) break main.main
Breakpoint 1 at 0x59d0: file src/examples/blinky1/blinky1.go, line 12.
Note: automatically using hardware breakpoints for read-only addresses.

(gdb) c
Continuing.
Breakpoint 1, main.main () at src/examples/blinky1/blinky1.go:12
12              led.Configure(machine.PinConfig{Mode: machine.PinOutput})

(gdb)
```

gdb の詳細は、以下の TinyGo の公式ページを確認してください。

⌕ TinyGo - GDB
https://tinygo.org/docs/tutorials/gdb/

▼ サポートページ

以下のページにてサポート情報を記載します。不明な点があればIssueなどに記載してください。

🔍 **サポートページ**
https://github.com/sago35/tinygobook

Column **VS Codeからデバッグする**

以下でVS Codeからデバッグできるようにするための Plugin を作成中です。執筆時点では完成していませんが、ビルド済みの Plugin も公開していますので気になる人は試してみてください。こちらであれば、gdb コマンドを覚えずともデバッグすることができます。

🔍 **デバッグ - サポートページ**
https://github.com/sago35/tinygobook/tree/main/debug

▽ 著者紹介

高砂 正哲（たかさご まさあき）

アルファテクノロジー株式会社のソフトウェア技術者／取締役として、社内における技術者同士のコミュニケーション促進に取り組み中。技術仕事は、車載組込みソフトウェア開発がメイン。TinyGo は 2020 年 2 月頃から本格的に使い始めた。以降日本国内における TinyGo の普及活動全般と、TinyGo 本体への熱心なコントリビュートを行っている。

Twitter：@sago35tk
GitHub：sago35

▽ スタッフリスト

編集担当	吉成 明久
企画・編集	内形 文（リブロワークス）
本文デザイン	松澤 維恋（リブロワークス・デザイン室）
カバーデザイン	横塚 あかり（リブロワークス・デザイン室）

基礎から学ぶ
TinyGoの組込み開発

2022年11月28日 初版発行

著　者	高砂正哲
発行者	池田武人
発行所	株式会社　シーアンドアール研究所
	新潟県新潟市北区西名目所4083-6（〒950-3122）
	電話　025-259-4293　　FAX　025-258-2801
印刷所	株式会社　ルナテック

ISBN978-4-86354-400-0　C3055
©Masaaki Takasago, 2022

Printed in Japan